西安市钟鼓楼维修资料汇编

（清代、民国）

文物出版社

图书在版编目（CIP）数据

西安市钟鼓楼维修资料汇编：清代、民国／西安市
文物局，西安市钟鼓楼博物馆，西安市档案馆编著．—
北京：文物出版社，2017.12

ISBN 978－7－5010－4688－1

Ⅰ.①西… Ⅱ.①西… ②西… ③西… Ⅲ.①钟鼓楼
—古建筑—修缮加固—档案资料—汇编—西安—清代 ②钟
鼓楼—古建筑—修缮加固—档案资料—汇编—西安—民国
Ⅳ.①TU746.3

中国版本图书馆 CIP 数据核字（2016）第 298036 号

西安市钟鼓楼维修资料汇编（清代、民国）

编　　著：西安市文物局
　　　　　西安市钟鼓楼博物馆
　　　　　西安市档案馆

责任编辑：李　睿
封面设计：程星涛
责任印制：张　丽

出版发行：文物出版社
社　　址：北京市东直门内北小街 2 号楼
邮　　编：100007
网　　址：http://www.wenwu.com
邮　　箱：web@wenwu.com
经　　销：新华书店
印　　刷：北京京都六环印刷厂
开　　本：787mm×1092mm　1/16
印　　张：22
版　　次：2017 年 12 月第 1 版
印　　次：2017 年 12 月第 1 次印刷
书　　号：ISBN 978－7－5010－4688－1
定　　价：320.00 元

《西安市钟鼓楼维修资料汇编（清代、民国）》
编辑委员会

序

陕西地区是在明洪武二年（1369年）大将军徐达攻克关中后纳入明王朝版图的，奉元路城遂改为西安府城。

两年后，即洪武四年（1371年），西安府城外郭城的扩建和秦王府的兴修这两大土木工程同时开工。五年后（1376年）基本完成，到洪武十一年（1378年）秦王朱樉就藩时全部竣工。紧接其后的就是鼓楼的修建，再后就是钟楼的修建。鼓楼和钟楼始建的具体年代，据清乾隆四十四年《西安府志·卷九》载是在洪武十七年（1384年），即秦王府与西安府城外郭城扩建工程竣工六年之后。作为明王朝地方宗室所在地，西安府城的政治、军事地位在西北地区乃至整个中国西部都处于极其重要的地位，是西北边防重镇之首，维系着西北地区的安危。所谓"天下之大，必建藩屏，上卫国家，下安生民"（《明太祖实录·卷五十一》），因此洪武初年西安府城所进行的这些城市营建活动对于巩固并确保西北地区的安全意义重大。

钟楼与鼓楼在中国古代的城市中，是城市秩序的象征。清乾隆五年（1740年），陕西巡抚张楷在《重修西安鼓楼记》中不仅记述了鼓楼重修工程竣工后登楼四望的壮美景象："……腐者易以坚，毁者易以完，崇隆敞丽，灿然一新。登楼以望，则近而四邻万井九市百廛。烟连尘合，既遮且富之象，毕陈于几席。远而终南太乙二华九峻，云开雾隐，献珍效灵之致，群聚于户牖。其观览之盛，可谓壮矣。而寝兴有节，禁御以时，奸匿不生，民安其居，则又为政之要务。"还点明了钟鼓楼这一城市建筑的重要功用——撞昏击晓、守御瞭望、大警于沉冥，对于城市的安全和社会的稳定可谓意义重大。也正因具有此功能，钟楼和鼓楼往往居于城市的中心位置，立于通衢大道上，是城市的至高点和引人瞩目的焦点，对于奠定城市形象和创造城市景观亦具有其他建筑无法替代的重要性。位于古城中心区的西安钟楼和鼓楼，早已融入了当下西安城的日常生活，也印入了中外旅行者的体验和记忆中。西安钟楼更是已经成为古城西安的地标建筑。

由于元代之后钟鼓楼在城市中的普遍建设，时至今日仍有为数不少的古代城市钟、鼓楼保存下来，而在我国现存的钟、鼓楼建筑中，西安的钟楼和鼓楼是创建年代最早、建筑体量最大、保存最完好、结构最完整的。在整个陕西地区保留下来的明初到清末的诸多木构官式建筑中，西安钟楼和鼓楼也同为创建年代最早的实例，殊为珍贵。

西安的钟楼和鼓楼均是典型的明、清通柱式木楼阁建筑，其构造节点以及构件样式均呈现出多样性，对于探讨中国古代大木构架从宋元向明清的演进发展、研究陕西地区明代官式大木作的地域特征、明清通柱式木楼阁营造做法的起源等诸多建筑技术史领域的问题都具有极高的学术价值。将西安钟楼和鼓楼放在中国古代建筑技术的演进历程中来看，它们的营造做法既有继承宋元时期一贯做法的，同时又有引领时代风气之先的；既具备明代官式大木做法的普遍特征，又保持了陕西本土营造技艺的鲜活特色，亦不缺少对其他地域营建技艺吸收、融合结果的生动表达。

西安钟楼和鼓楼自建成至今，已存世六百余年，不可避免地经受着自然的浸蚀和本体材质的退化，还有地震、风灾及战火、动乱的破坏，钟楼还因城市建设及军事、政治等原因经历过拆移和重建。它们能够基本完好地保留到现在，全赖历代的维护与修缮。六百余年间的维护与修缮都在钟楼和鼓楼身上留下历史的印迹，也正是因为这些历史印迹，才有我们今天所见的西安钟楼和鼓楼。有幸的是历史上曾经发生过的这些保护活动还保留在若干历史档案和文献记录中，可与实物两相印证，使我们得以窥见钟楼和鼓楼的前世今生，也由此得以想见古都西安的沧桑变迁。

钟鼓楼博物馆将馆藏的以及藏于国家档案馆的关于钟鼓楼维修的资料档案进行了精心的采集、整理和编纂，即将付梓，使这些珍贵的历史文献能够见诸于世，实在是具有极重要的历史意义和学术价值之举，此工作本身即已构成了西安钟鼓楼遗产保护历史的一部分。

这些历史文献类型多样且内容丰富，包括有陕西地方志；有陕西地方官员奏请皇帝维修钟鼓楼的奏章，奏章上还有乾隆皇帝的批复；有详细记述维修工程进行情况的奏章；有关于维修方案及费用预算的奏章；还有维修工程竣工后主事官员撰写的文记，如乾隆时任陕西巡抚的张楷所撰的《重修西安鼓楼记》，原碑现在就保存在鼓楼上。民国时期的档案尤为详尽，有地方政府、西京市政建设委员会等部门针对钟鼓楼维修工程事宜的各种相关文件，如申请、批文、训令，以及工程预算书、工程决算书、施工说明书、工程合同、建筑公司等工程承包方的保证书等等，非常全面记录了维修工程实施的全部过程和各个步骤，详尽到工程的材料与人工费用的记录等等，对于研究近代时期西安地区建筑行业的发展情况、建筑技术的发展水平、政府对文物保护维修工程的管理与控制情况、保护维修工程的实施及由此反映出的保护观念等均是不可多得的实物案例，亦是研究近代西安的社会、经济与技术发展状况的珍贵史料。这些都使得西安钟楼和鼓楼成为研究中国建筑遗产保护发展史的一个绝佳案例。

这些的文献既为我们凝固了西安钟楼和鼓楼历史发展中的一个个重要的片段，也为古都西安留下了轮廓清晰、不会褪色的城市记忆……是为序。

林　源
2016 年 8 月　于西安

前　言

　　西安钟鼓楼作为中国传统建筑杰出代表，是东方优秀建筑的杰出代表。西安钟楼建于明洪武十七年（1384 年），西安鼓楼建于明洪武十三年（1380 年）。作为两座 600 余年的传统建筑屹立在西安城市中心，已经成为城市的标志性建筑。正是由于钟鼓楼的重要地位，对于它的每一次维修与保护，我们都十分慎重。尤其是在最近的几次保养维修施工过程中，出现了一些困惑，也遇到了一些难以解决问题。

　　由于钟鼓楼的特殊地理位置和旅游影响力，每次维修都会对游客的旅游参观产生很大影响，甚至要闭馆拒客。同时由于钟鼓楼结构的特殊性，维修时都要搭建满堂架，对建筑的外观和城市景观形象也会造成重要影响。因此，每次在做维修工程之前，我们都会对方案尽可能修改成熟，以期在最少影响景观的前提下作最好的维修工作，但结果往往不尽如人意。

　　历次保护维修工作，我们都委托具备相关资质的设计单位制定保护方案，逐级上报主管部门，但结果往往是对破损部分的维修方案得不到明确支持，仅仅要求是按照"修旧如旧"的原则，尽量保留文物原状，而一些"常修常新"的保护方案，甚至没有单位愿意设计。

　　由于近些年来对于传统建筑"以保为主，以修为辅"，导致一线大量的传统工匠的手艺久无用武之地，逐渐退出市场，手艺失传。如何在保护传统建筑的同时，充分传承传统建筑保护工艺这些非物质文化遗产，也是我们比较困惑的问题。

　　在近些年来的保护实践中，较为提倡使用现代科技手段进行保护工作，特别是在建筑彩绘保护和砖体表面泛碱处理方面引入了现代科技保护手段，但在长期的实践和经过时间的检验后，我们发现实际效果并不十分理想。

2013 年，西安钟鼓楼实施了照亮升级工程。随着钟鼓楼上面的灯光更亮，楼体本身存在的一些问题也就更加清晰地摆在了大家的眼前。彩绘不够艳丽，与现代化的城市格格不入，那么，怎么做让彩绘变得艳丽，充分展示钟鼓楼的艺术价值呢？

面对这些问题与困惑，我们不禁想到，钟鼓楼已经屹立了 600 余年，600 年来，古人对于建筑的保护与维修是如何做到的？在古建维修上，我们与古人有相同的问题，相同的目标，古人的方法很好的解决了所遇到的问题，并且效果是经过数百年时间的证明，那么，当我们面对这些问题争论不休、束手无策的时候，我们不妨回头看看古人对钟鼓楼的保护维修工作具体是怎么做的，能够让这两座古建筑经历了 600 多年的风雨后依然风采依旧。

从 2013 年开始，我们着手搜集西安钟鼓楼历年保护维修方面的资料和档案，我们前往北京、南京、西安等地各大档案馆、资料馆，多方联络高校专家，查阅大量珍贵史料，历经三年时间，整理出了部分珍贵档案资料，并对其进行了基本的归纳、整理和研究。

现在，我们将目前已经整理成熟的一部分资料结集出版，目的是想让更多的古建筑保护研究者能够看到这些珍贵的文献资料，能够和我们一起参与到此项工作中去，能够认真地研究保护历史，总结保护经验，更新保护理念，提高保护水平，更好地保护好这些弥足珍贵的建筑文化遗产。

编　例

一、本书所选材料，来自中国第一历史档案馆、西安市档案馆、西安市钟鼓楼博物馆馆藏史料。为维护历史真实，一律照录原文，未予变动，唯将竖排改为横排，繁体改为简体，无句读者另加标点。成文时间，凡由编者考订者，用　号表明。

二、本书所选档案史料，除会议记录、预算书、合同、标单、保证书、施工说明书、验收证明、结算表、决算表等外，均由编者重拟标题，并且对以下机关名称在标题中用了简称：西京市政建设委员会（简称西京建委会）、西京市政建设委员会工程处（简称西京建委会工程处）、陕西省政府（简称省政府）、陕西省建设厅（简称省建设厅）、陕西省财政厅（简称省财政厅）、陕西全省防空司令部（简称省防空司令部）、陕西省会公安局（简称省会公安局）、陕西省会警察局（简称省会警察局）、西安市政工程处（简称市政工程处）、陕西省西安市政处（简称市政处）、西安市政府（简称市政府）、陕西省企业公司（简称省企业公司）。

三、本书在编排上，按类并依行文时间先后顺序排列。

四、本书所选材料，字迹不清者以□代之，［　］表示改正错别字，〔　〕表示去衍字，（？）表示存疑待考。

五、文字段落中的汉字数字、计算单位及整数、分数、小数的写法均照录不变；凡表格中的数字统一改成阿拉伯数字。

目录

CONTENTS

第一篇　钟楼篇

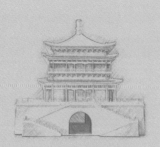

第一篇

钟楼篇

第一章 西安钟楼现状描述

西安钟楼是明代建筑，始建于明洪武十七年（1384 年），位于北广济街东侧，明万历十年（1582 年）移于今址。

西安钟楼（图 1.1）是一座重檐三滴水式四角攒尖顶的楼阁式建筑，面积 1377.64 平方米。钟楼坐落在四面各宽 35.5 米，高 8.6 米，用青砖、白灰砌筑的方形基座之上。基座下有十字形券洞与东南西北四条大街相通，券洞的高与宽度为 6 米。基座上的木楼阁由四面空透的圆柱回廊和迭起的飞檐等组成，高 27 米。楼阁和台基的总高度为 36 米。钟楼有上下两层，由砖台阶、踏步上至基座的平台后、进入一层大厅，大厅四面有门，顶有方格彩绘藻井。由一层大厅内东南角的扶梯，可盘旋登上四面有木格窗门和直通外面回廊的二层大厅。楼顶装有贴金圆形顶，俗称"金顶"。楼面敷设琉璃瓦，瓦间扣以筒瓦，并以铜钉固定。整个建筑显得宏伟、壮观。

图 1.1 2009 年钟楼

第二章　明代钟楼东迁

从元代李好问的《长安志图》可以看出当时在广济街口东侧已有钟楼，其位置与明初建钟楼时的位置大体相当；在与今天鼓楼相当的位置上建有"敬时楼"也就是"鼓楼"。元代在西安城中形成钟楼在西、鼓楼在东的格局，明初仍循其制，或在其原址、或在其附近重建了钟鼓楼。

由于城市发展需要，西安城在明代经历了一次大规模的扩建。明代政府在唐末韩建所筑"新城"（即原唐代的皇城）基础上，保留南墙和西墙的位置不变，北墙和东墙各向外延伸了1/4，使城的面积比原来增加了1/3。钟鼓楼的位置就更加显得偏西，不在城市居中，不利于全城的报时。

所以，明万历十年（1582年），陕西巡抚龚懋贤命咸宁、长安二县令主持钟楼整体东迁工程，并为此作《钟楼歌》一篇。《钟楼歌》被镌刻于石（图1.2 钟楼东迁歌碑拓片），今嵌于钟楼一层西北角的墙上。碑石长360厘米，宽40厘米，已成为钟楼东迁的重要历史物证。

《钟楼歌》

西安钟楼，故在城西隅，徙而东，自予始。楼维筑基外，一无改创，故不废县官而工易就。无何，予告去，不及观其成。漫歌手书，付咸、长二令，备撰记者采焉。歌曰：'羌此楼兮谁厥诒，来东方兮应昌期。抱南山兮云为低，凭清渭兮衔朝羲。鸣景阳兮万籁齐，彰木德兮奠四隅。千百亿兮钟虡不移。万历十年岁在壬午，春人日，蜀内江病夫宁澹居士龚懋贤书。'

附记：客有谓余，歌可作钟楼铭者，观铭，非予敢任也，故仍以歌名。

《钟楼歌》明确了钟楼迁建工程的时间和迁建方法。《钟楼歌》创作于钟楼迁建工程将近结束时，具体时间是"万历十年（1582年）春人日"。"春人日"在古代习俗中指"正月七日"。由此可知，钟楼的迁建至少开始于万历九年，它的完工当在万历十年。《钟楼歌》中描述"楼维筑基外，一无改创。"也就是说除台基是迁建

图 1.2 钟楼东迁歌碑拓片

时新筑的以外，钟楼是整体搬迁过来的，完全按照原样，未作改动，说明钟楼虽经迁移，但完全保留了明初的风格，属明初的典型建筑。

第三章 清代钟楼保护维修情况

明代钟鼓楼一般都修建在城市中心，以重楼的形式立于高大台基上之上；同时往往跨立于主要干道上，高大台基下置十字形券洞门，使之类似于过街楼。因此钟鼓楼除了报时的功能外，还附加了登高望远，报警的作用。因其特殊的作用和位置，明清城市中的钟鼓楼是必不可少的。庆幸的是西安钟楼并没有像其他城市的钟鼓楼一样毁于战争或是被废弃，在清代也经历了几次较大的维护，使之能够一直保存下来。

1. 清乾隆五年

清乾隆五年（1740 年），西安钟楼经巡抚张楷重修，仍按明初年的原结构修建，唯将原室内悬挂的唐代"景云钟"移出室外，以使报时之声远扬。当时维修的具体情况有《重修西安钟楼记》（图 1.3 清重修西安钟楼记拓片）的石碑为证：

重修西安钟楼记

自古鼓楼东半里而近，有楼岿然临于四衢之上。居人耳传，谓明建是楼，以徙景龙观钟。即悬，扣不鸣，乃反其故所，而钟楼之称至今不改。余考铭志，钟铸于唐景云之岁，历世久远。神物有灵，迁其地而不宁，理或有然者。乃登其上，隆中而广外，弇阿杳窱，重口周府，阳藏阴翕，纳而不出。余曰：此钟之所以不鸣也，夫声以旷、水以浇者宣也。故单穆公曰："无射有林，耳不及也。"置钟于深隐之区，犹谓之大林也。戴瓮以呼，而欲其声之及远，必不能矣。楼既灵，昔人以祀文昌，盖即《周礼》之司命，其典秩自古为隆，而楼之瑰伟雄杰，亦与鼓楼相颉颃。既修鼓楼，并与方伯帅公谋而新之。尸其之者，咸宁令陈齐贤也，是为记。

乾隆五年正月，巡抚陕西等处地方赞助军务，兵部右侍郎兼都察院副都御史鹤城张楷题。

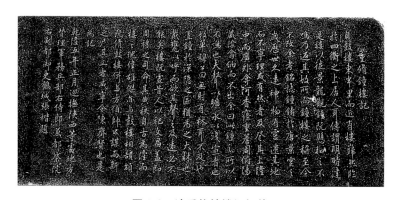

图 1.3　清重修钟楼记拓片

2. 清乾隆五十二年

（1）福康安勘察钟鼓楼奏章

在乾隆五十二年（1787 年）正月，时任陕甘总督、内大臣的福康安在给乾隆的奏折中提到了西安钟鼓楼的保存现状"惟城内原设钟楼鼓楼二座规制颇为壮丽，历年已久，现多坍损""臣亲往勘察钟楼。一座四面各建三间，周围回廊见方六丈七尺，通高八丈一尺。""…. 其钟楼券台虽尚坚固但砖块业俱剥落必须补砌…。"提到需要对钟鼓二楼进行维修，请乾隆皇帝奏准。

（2）德成等查估西安钟鼓楼奏章

此后，德成、福康安、巴延三对查估西安钟鼓楼现状以及维修工程再次上奏乾隆皇帝汇报维修的具体方案。

德成等查估西安钟鼓楼奏

三月十三日

"遂即率同员外部恭安、主事沈涛、布政使秦承恩等详加履勘，查钟楼一座四面各显三间通面宽六丈七尺，周围廊三重檐庑座十三檩，四脊攒尖安宝鼎所造，柱木柁樑、桁条、枋垫、斗拱（？）以及群板栏杆门扇□槅□顶，俱多糟朽沉陷，歪扭脱落，头停椽望（？）全部烂坏。内中大件木料细加拣选，有当堪应用并可檼接锛（？）补及改作别项小料者尽行使用，其余俱应添换新料。头停瓦片现多破碎，且旧瓦式样甚小，分陇窄狭，□以雨水不能畅流，每多停蓄以致渗漏。今议，改瓦三号布筒板瓦应无蓄水渗漏之虞，□身下见方十一丈，上见方十六丈六尺，高二丈七尺。券洞面宽一丈八尺五寸，中高一丈八尺，俱系城砖所砌，看来当属坚固自可无虞，另行拆砌其砖块间有脱落糟碱之处，□为剔补，一律构捆完整。台顶海墁砖酥碎，全□旧土浮□滋生蔓草，应刨去浮土，找筑素土，一步灰土二步上墁新砖三层苫背一层。楼座台帮旧与台面相平，遇有雨水势必灌入浸沁，有碍楼座柱角，今估加高二尺，添安阶条，三（？）级等石，四面宇墙高三尺，马道长七丈二尺，宽一丈五尺，砖块糟碱均应添换新砖，照旧拆砌，里皮象眼，添砌墙一道，长六丈一尺，折高一丈一尺四寸。灰（？）砌城砖均计五进，并添安马道门楼一座。以上各工除旧料拣选抵用外，约需木柱（？）砖瓦等项银两万八千一百九十七两七钱九分七厘。"

（3）福康安和觉罗巴彦三奏报钟鼓楼维修工程各项目负责人员奏章

直至七月初，福康安等人再次上奏乾隆皇帝举荐维修西安钟鼓楼以及潼关城垣工程的专员，不断推进维修工程的进度。

"臣福康安、臣觉罗巴延三跪奏为奏派专员承办要工以重责成事窃为西安钟鼓二楼暨潼关城工经臣福康安、臣巴延三奏准兴修。钦差工部侍郎德成会同臣逐加堪估。

奏奉

朱批俞乙应即上紧备料鸠工以资具作。臣等伙查钟鼓楼座，建造多年为省会观瞻所整目应整葺崇阙以垂久远。□潼□系入陕门户屹峙崇墉历□重镇因岁久渐泐多坍损，不便再事因循前，抚臣永保会同臣福康安商议兴修臣福康安因未经履勘情形不敢□行人

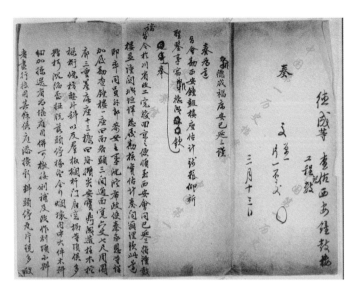

德成等查估西安钟鼓楼奏章（1）

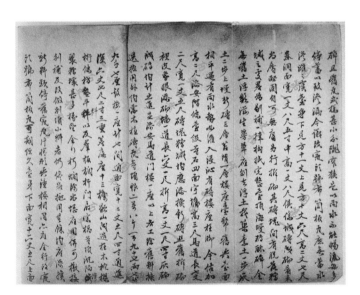

德成等查估西安钟鼓楼奏章（2）

告□冬入

观经过查勘实系必须修理□陆续□□奏请仰蒙特派大臣会同臣巴延三勘确估计需费报一万三千余□□多在圣主□会金汤重地不惜大费籍□期□□年巩固之新而在臣等肩并钜任工费浩繁，倍深警惕惟□详□□维认真□□一切慎□□□必求事事精详□一劳永逸仰□我皇上慎重严疆之玉意。臣巴延三驻扎西安所□钟鼓二楼目□□

8

时□□□西修理其潼关距省甚近工程更□紧要尤□往来□□实力稽查。臣福康安□□维远□□维均更石时加意查察□俾工归实用母□丝毫侵冒偷减惟念要□妥□全点经理之得人查布政使秦承思精明练达，修事实心且出纳钱粮，□□□专责所省一切工程□令□□□□其事其省城钟鼓楼座工程应责令地方官就近承□李咸宁孙□□在所原系□□城工执手长安□帐信兮□事谒真请即派该□员承修西安府知府永明志成移转应派全该府捹理钱粮道硕长□前此精办西安城之事事精详，不辞劳□此次钟鼓二楼工程应仍派全□□先潼□城垣员远砌石泊岸。工程浩大任重钜贵繁尤须遴安然语工程之负兮定服□俾其实力□心经理臣详加选择，查乾州知州高珺，华州知州汪以诚，洋府知府许光墓，安康府知府李常双均协□办理城工。执手应派全□该负兮服承修其县属潼□□知樊士锋□勤奋又系本富地方友乎，应较□能不必经手钱粮，□应责全协同办理。又现署西安府事□安府知府徐大文才情敏练，前曾承办城工实系□□之负所者。此次潼□一切工程应派全□府总理□潼，高道□明驻□围城同州府知府冯思□潼关系其所属地方一切粮□查确应责成穰道府实力□□如此责钜工九□□□而为□□庆之□□自不敢蒙亦偷减□耗。帑金以期工程永保□□金汤□其馀鉴工确料□□□杂人负臣等现在行□慎远具详以免酌□谨将□派承修工负及责成□负总理□□□□会同恭□具奏伏祈

　　乾隆五十二年七月二十日奉。"

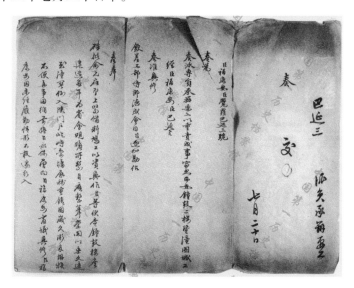

福康安和觉罗巴彦三奏报钟鼓楼维修工程各项目负责人员奏章　（1）

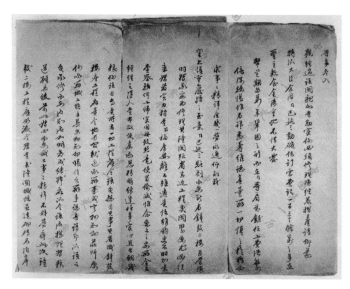

福康安和觉罗巴彦三奏报钟鼓楼维修工程各项目负责人员奏章 （2）

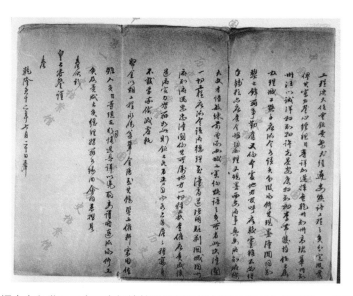

福康安和觉罗巴彦三奏报钟鼓楼维修工程各项目负责人员奏章 （3）

　　乾隆年间的这次维修主要是将钟鼓楼原有部件，可以使用的加固后继续使用，没法使用的，用新料进行更换。把顶部的小瓦改成了较大的布筒板瓦，有效地防止了雨水渗漏，同时对底座也进行了维修加高处理。这次对钟楼的大修，记载较之以往较为详实，对后人的维修起到了一定的指导作用。

第四章 民国时期钟楼保护维修情况

民国时期对钟楼有保护也有利用：对钟楼门洞下的路面进行了维修，因为战争的需要，将钟楼、鼓楼的门洞加固工事作为防控避难所，在日军敌机的轰炸后，对钟楼被炸毁的部门进行了招商维修，利用原先的坑道和工事在钟楼门洞修建新的工事等主体工程，想将其定为青年馆的馆址，在钟楼上张贴广告，扩建钟楼周边路面，在四周安置路灯等。从这些工程可以看出民国时期钟楼附近就是西安的商业中心，钟楼门洞承担交通职责，是城市重要的交通道路，与人们的生活息息相关，在战争年代，钟楼也为百姓提供了防控避难所。关于这些工程的往来文件，可以看出民国时期人们对钟楼保护和利用的理念。

第一节 钟楼门洞路面改造

1935 年市政工程处着手招商整修钟楼底人行道。1936 年（民国二十五年），将钟楼内十字土路改用砖铺修，工程规定青砖平铺，黄沙灌缝。此外，西京市政建设委员会①还向西安绥靖公署②提出了要求钟楼楼上驻兵保证楼体清洁的要求。1942 年（民国三十一年），经过几年的使用，已有四分之三的青砖损毁，因青砖易损，遂拟将地面改为铺条石，但又因费用过大，最后仍是改为更换损坏青砖。

---

① 1934 年 8 月，由西京筹备委员会发起，陕西省政府、全国经济委员会西北办事处、西京筹备委员会三家合组成立了西京市政建设委员会。主要是为了解决先城市建设迫切与所需经费不足的矛盾。摘自吴宏岐《抗战时期的西京筹备委员会及其对西安城市建设的贡献》[J]. 中国历史地理论丛. 2001，12（16）4：48。

② 绥靖公署是民国时期国民革命军的指挥机构。绥靖公署是由抗战时的各战区改编而来，全面内战爆发时仅剩第 1、第 2、第 11 和第 12 战区，后来也分别改编为西安绥靖公署、太原绥靖公署、保定绥靖公署、张垣绥靖公署。

第二节　修筑钟楼四周路面

市政工程处为报送铺修钟楼人行道等工程合同呈西京建委会文

（中华民国二十四年十二月七日）

　　案查铺修麦苋街、钟楼人行道暨修补森林公园西门花墙、革命亭栏墙等工程，曾饬承包人张云岐承做，并于本年十月十七日开工，业将开工日期及估单赍报在案。兹查各该工程，已于十一月二十八日次第完工，除分呈建设厅外，理合检附工程合同一份，备文呈赍报请钧会鉴核备查，实为公便。

　　谨呈

西京市政建设委员会

　　附呈送：合同一份。

西安市政工程处处长　李仲蕃

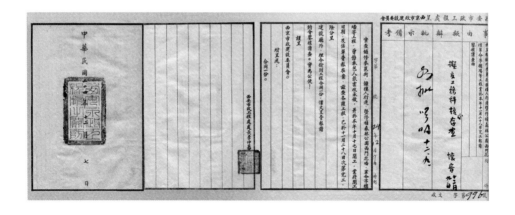

附　　　　　　　　（约千元上下工程适用）

第十号

立合同人 ^{西安市政工程处（以下简称市工处）}_{承　　包　　人（以下简称承包人）} 兹因市工处兴筑 ^{麦　苋　街}_{钟楼四周人} 行道、^{革　命　亭}_{森林公园门} 修理工程与承包人订定：

（1）遵照市工处图样及施工说明书认真办理。

（2）共包价洋六〇〇·九六元，分三期领款。

　　　第一期　钟楼人行道铺完竣后发洋贰百伍拾元整。

　　　第二期　麦苋街人行道铺完竣后发洋贰百元整。

　　　第末期　全部路工验收后除保固金外，扫数发清。

（3）二十四年十月十七日开工，二十四年十一月五日完工，不得违误。

（4）保固金肆拾元整，保固期满后发还。

（5）保固期，验收后叁个月。

（6）本合同共缮六份（每份由承包人贴印花二角），一份交承包人，余交市工处分别存转。

　　　以上所称是实盖章为证。

　　　　　　　　　　　　　　　　西安市政工程处　　　　（章）

　　　　　　　　　　　　　　　　承包人　张云岐　　　　（章）

　　　　　　　　　　　　　　　　铺　保　万盛德号　　　（章）

　　　　　　　　　　　　　　　　住　址　南广济街

　　　　　　　　　　　　　　　　中华民国二十四年十月十六日

省建设厅为验收铺修钟楼人行道等工程事致西京建委会公函

第 58 号

（中华民国二十五年一月二十五日）

案查前据西安市政工程处呈报，铺修麦苋街、钟楼人行道暨修补森林公园西门花墙、革命亭栏墙等工程，已于十一月二十八日次第完工，附赍合同，请鉴核存转，俯赐派员验收一案，当经谕派本厅技士王焜耀并函约贵会指派人员同往验收去后，兹据该技士复称："奉厅长手谕工字第二十八号，令饬验收铺修麦苋市街、钟楼人行道、森林公园西门花墙、革命亭栏墙等工程一案，遵即会同市政建设委员会工程师司顾俭德暨市政工程处课长李善梁、总监工张羽甫前往各处查验。兹经按据合同查验相符，谨将所验情形呈请厅长核示。"等情。据此，除将所填验收证明书第三、四两联，令发西安市政工程处查照并呈报省政府外，相应检同验收证明书第二联，函送贵会查照为荷。

此致

西京市政建设委员会

附函送验收证明书第二联乙纸（佚——编者）。

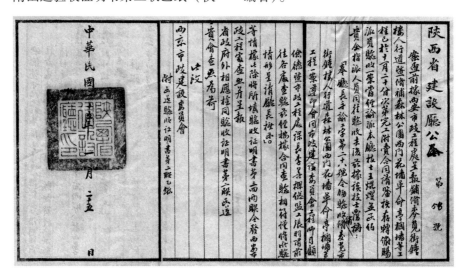

市政工程处为核销铺修钟楼人行道工程费
呈省建设厅文

亨第 603 号

（中华民国二十五年十月二十八日）

　　案查本处前由钧会领到钟楼底人行道工程费国币肆百伍拾捌元陆角壹分，业经照实如数支出。除将支出计算书，对照表各一份分呈建设厅备查外，理合检同该项书、表各二份，粘存簿一本，合同及结算表各一份，一并备文呈赍，祷请鉴察核销核备查。

　　谨呈

陕西省建设厅厅长　雷①

　　附呈支出计算书、收支对照表各二份，粘存簿一本，合同及结算表各一份。

西安市政工程处处长　李仲蕃

附

西安市政工程处
铺修钟楼人行道收支对照表

中华民国 25 年 10 月

收　入										摘　要	支　出									
千	百	十	万	千	百	十	元	角	分		千	百	十	万	千	百	十	元	角	分
										收入之部										
					4	5	8	6	1	由建设委员会领到钟楼底人行道工程费										
										支出之部										

---

① 即雷宝华。

续表

收 入										摘　要	支　出									
千	百	十	万	千	百	十	元	角	分		千	百	十	万	千	百	十	元	角	分
										工程费						4	5	8	6	1
				4	5	8	6	1		总　计						4	5	8	6	1

省会公安局为钟楼底十字路拟用士敏土修筑致市政工程处公函

字第 146 号

（中华民国二十五年四月九日）

　　径启者：查本市钟楼根外面地址四围铺设石条，前经贵处修理完竣，当中十字仍系土路，不惟高底不平，且一遇大风即尘飞迷目。兹为该处整洁起见，拟用士敏土修理此路，以期坚固。惟事关建筑，相应函请查照，并希见复为荷。

　　此致
西安市政工程处

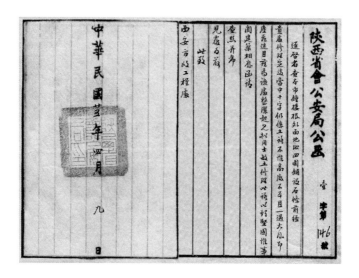

西京建委会为转饬宪兵营切实改善钟楼整洁致西安绥靖公署公函

字第 317 号

（中华民国二十五年四月二十五日）

　　案查本会第六十一次会议，雷委员宝华报告：查钟楼四周业经铺筑砖道，顷据省会公安局函请市工处，将钟楼内十字土路改用洋灰铺筑，兹造具用洋灰或用砖铺筑预算附后，敬请公鉴一案。当经决议："用砖铺修，工程务求坚实，并函绥署转饬宪兵营，对于楼上整齐清洁切实改良，以重观瞻。"等因。关于钟楼上整洁一节，相应录案，函请察照见复为荷。

　　此致
西安绥靖公署

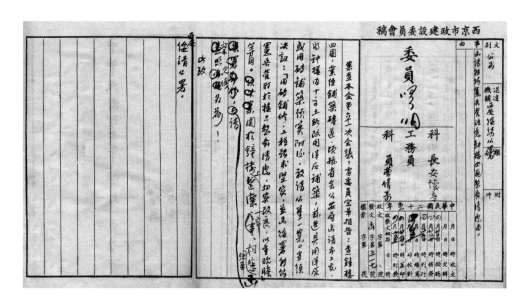

西京建委会为已令宪兵营切实改善钟楼整洁给市政工程处处长的训令

令字第 78 号

（中华民国二十五年五月一日）

令西安市政工程处处长李仲蕃

为令知事。案准西安绥靖公署本年四月三十日参（一）字第一五三九号公函略开："准函嘱饬驻钟楼之宪兵营，对于楼上整齐清洁，切实改良等由。除令该营切实改善外，相应函复查照。"等因。准此，合行令仰该处知照。

此令

委员　龚贤明　雷宝华

郭增恺　韩光琦　李仪祉

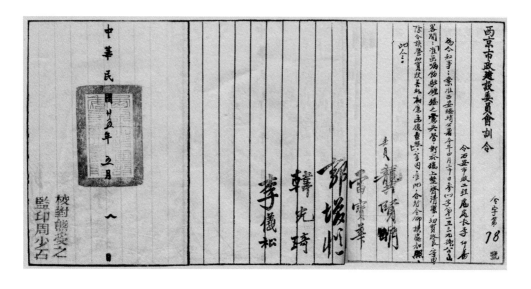

第三节　修筑钟楼门洞路面

市政工程处为报送铺筑钟楼底砖地工程相关文件呈省建设厅文①

字第 317 号

（中华民国二十五年六月一日）

案查铺筑钟楼底砖地一案，经六十一次会议决议："用砖铺修，工程务求坚实。"复经第六十四次会议决议："由鸿记承包，其有超过预算者，仍应照预算办理。"等因，纪录各在卷。惟查鸿记营造厂所投标价超过预算二十六元有奇，经向该厂商减，准于预算内承包，并于五月十七日开工。除分呈西京市政建设委员会外，理合检赍保证书、合同、估单各二份，备文送请鉴察核转。

　　谨呈

陕西省建设厅厅长　　雷②

　　附呈保证书二份、合同二份、估单二纸。

西安市政工程处处长　　李仲蕃

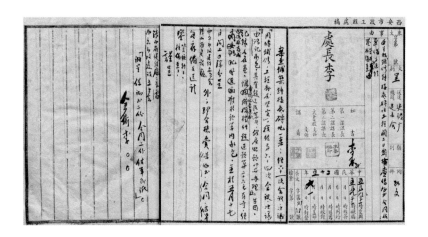

---

① 西安市政工程处同时呈西京市政建设委员会文，检赍保证书二份、合同二份、估单二纸（字第318号）。

② 即雷宝华。

附1　　　　　　　　　　　　保　证　书

　　兹因承包人郑州鸿记营造厂与西安市政工程处订立合同，兴筑钟楼底铺砖地工程，保证人愿担保该承包人切实履行合同，如有违反合同或因任何事故发生不能履行合同时，保证人愿按照合同规定负完全责任，并赔偿该项工程所受一切损失。自具此保证书后，即负担保之责，至全部工程验收，并保固期满后为止。所具保证书是实。

保证人　正谊福记（章）

二十五年五月十五日

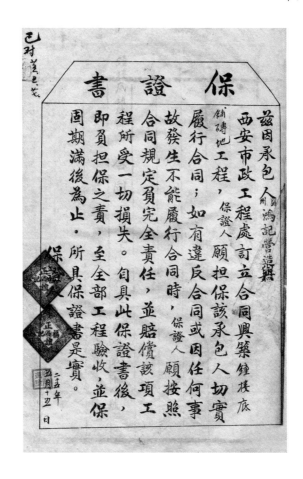

附2　　　　　**钟楼底铺砖地合同（约千元上下工程适用）**

杂字第一十八号

立合同人 ^{西安市政工程处（以下简称市工处）} 兹因市工处兴筑钟楼底砖地工程与承包人订定：
_{承　包　人（以下简称承包人）}

（1）遵照市工处图样及施工说明书认真办理。

（2）共包价洋四百五十八元六角一分，分两期领款。

　　　第一期　经本处监工员报部竣工后得付洋叁百元。

　　　第二期　经建厅派员验收后全数付清。

　　　第末期

（3）二十五年五月十七日开工，二十五年六月十七日完工，误期一日罚贰元。

（4）保固金贰拾元，期满后发还。

（5）保固期验收后△年六个月。

（6）本合同共缮六份（每份由承包人贴印花二角），一份交承包人，余交市工处分别存转。

　　以上所称是实，盖章为证

西安市政工程处　　　（章）

承包人　鸿记营造厂　（章）

铺　保　正谊福记　　（章）

住　址　北广济街六十四号

附件　　　　　　　　施工说明书

一、青砖平立铺。

二、黄沙灌缝。

三、所有估标以单价为据，如有扩大或束小照单价计算。

中华民国二十五年五月十五日　立

附3   估 价 单

谨将估价单详列于下：

钟楼下用青砖平立铺，黄沙灌缝，每平方公尺工料洋壹元叁角；挖土运土在壹百公尺以内，每立方公尺工价洋贰角伍分；若运远者，多运壹百公尺加运价洋六分。

包商　鸿记营造厂　　　　（章）

经理　孙发财　　　　　　（章）

中华民国二十五年五月九日　　开呈

市政工程处为请验收钟楼门洞铺砖工程呈省建设厅文①

第348号

（中华民国二十五年六月十六日）

案查钟楼洞铺砖工程，曾将开工日期连同估单、合同、保证书等一并报请鉴核在案。兹查该项工程，业于本月十三日完竣，除分呈西京市政建设委员会鉴察外，理合报请鉴核呈转派员验收，俾资结束。

谨呈

陕西省建设厅厅长 雷②

西安市政工程处处长　　李仲蕃

---

① 西安市政工程处同时呈西京市政建设委员会义，请派员验收钟楼门洞铺砖工程（字第349号）。

② 即雷宝华。

省建设厅为验收钟楼门洞铺砖工程事给市政工程处的训令

第 1269 号

（中华民国二十五年七月二十日）

令西安市政工程处

案查前据该处呈报，钟楼洞铺砖工程业已完竣，请派员验收到厅。当经谕派本厅技士王焜耀并函约西京市政建设委员会专门委员沈诚同往验收去后，兹据该技士王焜耀签称："奉厅长手谕工字第五十号，令饬钟楼洞铺砖工程一案，遵即会同建委会专门委员沈诚、市政工程处宫①主任前往验收，当经依照估单、合同查验无异。可否准予验收之处，呈请厅长核示。"等情。据此，除将所填验收证明书第二联，函送西京市政建设委员会并呈报省政府备查外，合行检发验收证明书第三、四两联，令仰该处查照。

此令

计发验收证明书第三、四两联贰纸。

雷宝华

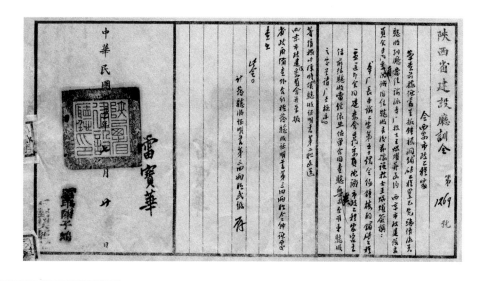

---

① 即宫之桂。

省建设厅为验收钟楼门洞铺砖工程情形及送查验收证明书致西京建委会公函

第 616 号

（中华民国二十五年七月二十日）

案查前据西安市政工程处呈报钟楼洞铺砖工程业已完竣，请派员验收到厅。当经谕派本厅技士王焜耀并函约贵会专门委员沈诚同往验收去后，兹据该技士王焜耀签称："奉厅长手谕工字第五十号，令饬钟楼洞铺砖工程一案，遵即会同建委会专门委员沈诚、市政工程处宫主任之桂前往验收，当经依照估单、合同查验无异。可否准予验收之处，呈请厅长核示。"等情。据此，除将所填验收证明书第三、四两联，令发西安市政工程处并呈报省政府备查外，相应检送验收证明书第二联，函请查照为荷。

此致

西京市政建设委员会

附函送验收证明书第二联乙纸。

附　　　　　　　　　　验收证明书

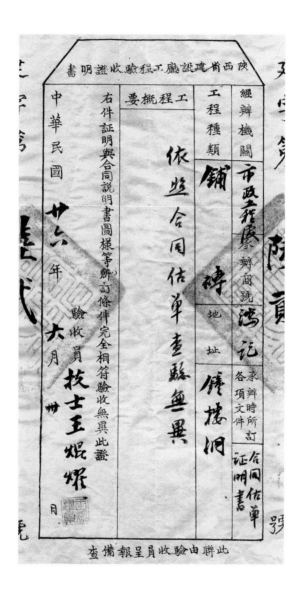

市政处工务局为钟楼门洞路面改铺石条工程预算给该处的呈文

第 67 号

（中华民国三十一年三月十三日）

　　查钟楼洞路面原系用砖铺砌，行人密集，破毁极快，兹为耐久计，拟改铺石条。谨拟就工程预算，计共需工料费洋陆万壹仟肆百零贰元整，如何之处，理合备文赍请鉴核示遵，实为公便。

　　谨呈

西安市政处处　　长　刘①

　　　　　副处长　刘②

　　赍件如文

　　　　　　　　　　　　兼西安市政处工务局局长　　刘政因

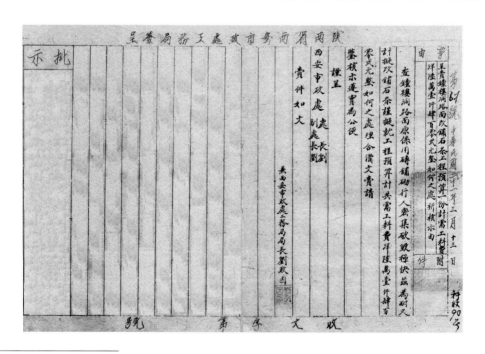

---

①　即刘楚材。

②　即刘政因。

西安市政处工务局
钟楼洞改铺石条工料预算表

字第_____号第_____号

__384 公平方__

中华民国 _31_ 年 _3_ 月 _10_ 日

种类	单位	单价（元）	数量	合价（元）	附记
旧石条	公平方	110.00	384.00	42，240.00	厚30公分，由东、南、北各街及粉巷与东新街、尚德路、崇礼路、玉祥门至西门各街道两旁挖取旧石条，石条五面见新，凿成细料石（石面斜纹宽五公厘）。
黄沙	公立方	40.00	17.00	680.00	
挖旧地面	公平方	5.00	384.00	1，920.00	
运废土及砖块	公立方	12.00	115.00	1，380.00	原地面挖出
砌石条	公平方	25.00	384.00	9，600.00	各接缝用沙弥缝斜铺，缝大12公厘。
合 计				55，820.00	
预备费				5，582.00	百分之十
总计				61，402.00	

计算　朱观会（章）　　　　审核　赵明堂（章）　　　　　　核准

市政处为钟楼门洞路面改铺石条工程预算过巨速拟青砖补修预算给该处工务局的指令

市工字第 137 号

（中华民国三十一年四月四日）

令工务局局长刘政因

本年三月十三日呈一件，呈赍钟楼洞路面改铺石条工程预算一份，计需工料费洋陆万壹仟肆百零贰元整，如何之处，祈核示由。

呈件均悉。经核所赍预算数目过巨，如旧砖能用时可用反面，则省砖当属不少。仰即速拟青砖补修预算表呈赍，以凭核夺。附件存。

此令

西安市政处处　长　刘楚材

副处长　刘政因

市政处工务局为报核钟楼门洞青砖路面工程预算给该处的呈文

工工字第 108 号

（中华民国三十一年四月七日）

　　案奉钧处本年四月四日市工字第一三七号指令，为呈赍钟楼洞路改铺石条工程预算数目过巨，仰速拟青砖预算呈核。等因。奉此，自当遵办，惟查钟楼洞原有旧砖破损甚多，仅有四分之一可以利用，尚须添购新砖四分之三，仍照原样立砌较为坚固。谨造具该项工程预算，是否有当，理合赍请鉴核示遵。

　　谨呈

西安市政处处　长　刘①

　　　副处长　刘②

　　赍件如文

　　　　　　　　　　　　　兼西安市政处工务局局长　刘政因

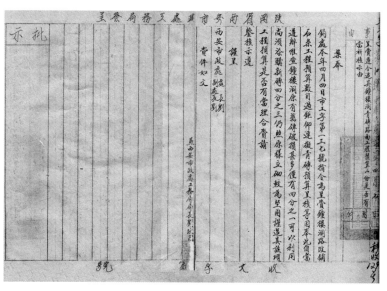

---

① 即刘楚材。
② 即刘政因。

附

西安市政处工务局
翻修钟楼洞路面工料预算表

共计面积 384 公平方（仍用青砖铺）　　　　　　　　中华民国 31 年 4 月 7 日

种　类	单　位	单价（元）	数　量	合价（元）	附　记
青　砖	千　页	340.00	23.00	7，820.00	原旧砖四分之一利用
黄　沙	公立方	40.00	9.00	360.00	弥节［接］缝用
挖旧路面砖	公平方	5.00	384.00	1，920.00	连整旧砖工在内
平整地基	公平方	1.00	384.00	384.00	
铺　地	公平方	4.00	384.00	1，536.00	立砌缝大不得过六公厘
运除破砖	公立方	20.00	34.00	680.00	
合　计				12，700.00	
预备费				1，270.00	
总　　　计				13，970.00	

计算　朱观会（章）　　　　　　审核　赵明堂（章）　　　　　　核准　刘政因（章）

省会警察局第二分局为钟楼下地面铺砖损坏需修补致市政处工务局函

（中华民国三十一年七月十八日）

径启者：查钟楼下地面铺砖损坏不堪，不独有碍观瞻，行人亦感不便。相应函请，即希查照修补见复为荷。

此致

西安市政处工务局

陕西省会警察局第二分局（章）

市政处工务局为办理钟楼门洞青砖路面工程给该处的呈文

工工字第 361 号

（中华民国三十一年七月二十五日）

案准陕西省会警察局第二分局本年七月十八日函开："径启者：查钟楼下地面铺砖损坏不堪，不独有碍观瞻，行人亦感不便。相应函请，即希查照修补见复为荷。"等由。准此，查此案业经本局遵令造具青砖路面工程预算，于四月八日呈送钧处核示在案。兹准前由，除函复外，理合签请鉴核，迅赐指示，以便遵办。

谨呈

西安市政处处　长　黄①

副处长　刘②

兼西安市政处工务局局长　刘政因

---

① 即黄觉非。

② 即刘政因。

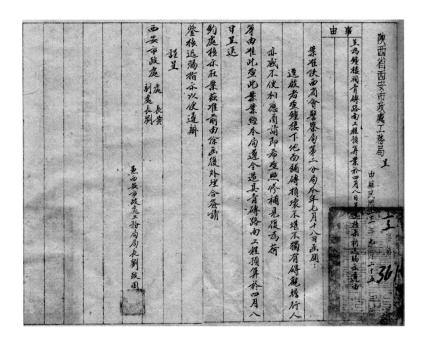

市政处工务局为修补钟楼下地面工程计划已拟俟核定复省会警察局第二分局笺函

工工字第　号

（中华民国三十一年七月二十六日）

接准大函，为钟楼下地面铺砖损坏，嘱查照修补见复等由。准此，查修补钟楼下地面工程，早经本局拟具计划，呈请西安市政处核示在案，一俟核定，即当招工办理。准函前由，相应复请查照为荷。

此致
陕西省会警察局第二分局

市政处为钟楼门洞青砖路面工程俟并入整修钟楼全部计划
办理给该处工务局的指令

市工字第 56 号

（中华民国三十一年八月六日）

令工务局

据本年七月二十五日工工字第三六一号呈一件。呈为钟楼洞青砖路面工程预算，业于四月八日呈送核示，祈迅赐示遵由。

呈悉。本处现正统筹整修钟楼全部计划，此项工程应俟并入办理，仰即知照，并转函警察局查照为要。

此令

处　长　黄觉非

副处长　刘政因

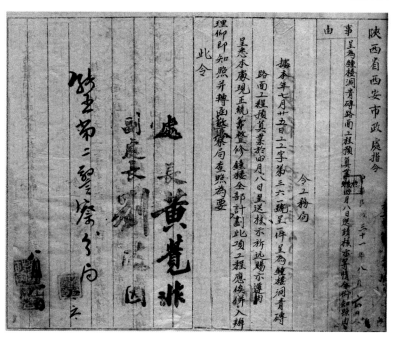

市政处工务局为钟楼门洞青砖路面工程俟并入整修钟楼
全部计划办理复省会警察局第二分局笺函

工工字第 398 号

（中华民国三十一年八月十一日）

案奉西安市政处本年八月六日指令内开："据本年七月二十五日工工字第三六
一号呈一件。呈为钟楼洞青砖路面工程预算，业于四月八日呈送核示祈迅赐示遵由。
呈悉。本处现正统筹整修钟楼全部计划，此项工程应俟并入办理，仰即知照，并转
函警察局查照为要。"等因。奉此，查此案前准贵局函嘱到局，当经转呈核示签函
复在案。兹奉前因，相应函达，查照为荷！

此致
陕西省会警察局第二分局

西安警备司令部为修整钟楼门洞内通道致市政处公函

参字第 686 号

（中华民国三十一年八月二十五日）

径启者：查本市钟楼下洞内通道坎坷不平，既不雅观，行人苦之，用特函达贵
处，请即派工修整，以壮观瞻，而利行人，并希见复为荷。

此致
西安市政处

兼司令　袁　朴

副司令　刘云新　王子伟

市政处为钟楼门洞内通道已修整完竣复西安警备司令部公函

市工字第88号

（中华民国三十一年九月九日）

案查前准贵部本年八月参字六八六号公函，以本市钟楼洞内通道坎坷不平，嘱即派工修整，以壮观瞻，并希见复。等由。准此，查上项工程业经修整完竣，相应复请查照为荷。

此致

西安警备司令部

市政处为报送铺垫钟楼门洞砖地工程预算表呈省政府文

市工字第90号

（中华民国三十一年九月二十二日）

查本处前以本市钟楼洞内砖地多已破坏，以致坎坷不平。为便利交通兼顾市容起见，经与西安警备司令袁朴商妥，利用钟楼上所堆集之废砖铺垫，以资撙节。该项工程自本年八月三十日动工，至本年九月五日竣工，所需工款计共支国币一千零三十五元。理合检同该项工程预算一纸，赍请鉴核备查为荷。

谨呈

陕西省政府主席　熊①

附预算表一纸。

西安市政处处　长　黄觉非

副处长　刘政因

----

①　①即熊斌。

附

西安市政处
同仁公司修补钟楼工程预算书

工程名称　旧砖黄土浆砌地 123 公平方　　　　　中华民国　31　年　9　月　6　日

种　类	形状或尺寸	单位	数　量	单价（元）	合价（元）	附　记
八月三十日大工		个	2.00	30.00	60.00	
小工		个	3.00	20.00	60.00	
三十一日大工		个	2.00	30.00	60.00	
小工		个	3.00	20.00	60.00	
九月一日大工		个	2.00	30.00	60.00	
小工		个	3.00	20.00	60.00	
二日大工		个	3.00	30.00	90.00	
小工		个	3.00	20.00	60.00	
三日大工		个	2.00	30.00	60.00	
小工		个	3.00	20.00	60.00	
四日大工		个	2.00	30.00	60.00	
小工		个	3.00	20.00	60.00	
五日大工		个	4.00	30.00	120.00	
小工		个	7.00	20.00	140.00	
合计			大小工 42		1010.00	大小工资总价
麻绳		根	5.00	5.00	25.00	由本处庶务股经手购作土筐，抬绳用。
本　页　小　计						
总　　计					1035.00	总计大工 17 个，小工 25 个。

计算　　　　　　校对　　　　　　　审核　　　　　　　鉴定

省政府为更正铺垫钟楼门洞砖地工程预算表并加盖印章给市政处处长的指令

府建一字第 3286 号

（中华民国三十一年九月三十日）

令西安市政处处长黄觉非

三十一年九月二十二日呈一件，呈赍该处补修本市钟楼洞内路面工程预算表，请核备由。

呈表均悉。查核来文未叙明需费拟由何处开支，赍表所列第一项单价且有错误；再，该表未加盖该处关防，而计算、审核、鉴定者均未盖名章；又，补修工程数量究为若干平方公尺亦未列表具报，均属不合。兹将原预算表发还，仰即遵照指示详细申复，并分别加盖印章更正呈核，仍另案报请验收。此令。

附发还预算表一纸（略——编者）。

主席　熊　斌

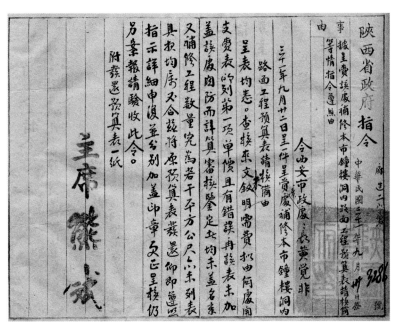

市政处为铺垫钟楼门洞砖地工程预算表更正情形呈省政府文

市工字第 126 号

（中华民国三十一年十月十七日）

　　案查本处前赍铺垫钟楼洞砖地预算表一纸，经奉钧府府建二字第三二八六号指令内开："三十一年九月二十二日呈一件，呈赍该处补修本市钟楼洞内路面工程预算表，请核备由。呈表均悉。查核来文未叙明需费拟由何处开支，赍表所列第一项单价且有错误。再，该表未加盖该处关防，而计算、审核、鉴定者均未盖名章；又，补修工程数量究为若干平方公尺亦未列表具报，均属不合。兹将原预算表发还，仰即遵照指示详细申复，并分别加盖印章更正呈核，仍另案报请验收。此令。附发还预算表一纸。"等因。奉此，查表列第一项单价并无错误，惟漏盖本处关防及审核、鉴定人名章，并漏填工程数量数字。兹奉前因，遵即逐条更正，除另案报请验收外，该项工款拟由本处收入项下开支。理合妥具该项工程预算表一纸，随文赍请鉴核备查。

　　谨呈

陕西省政府主席　熊①

　　赍件如文

西安市政处处　长　黄觉非

副处长　刘政因

---

①　即熊斌。

省政府为铺垫钟楼门洞砖地工程费开支给市政处处长的指令

府财建二字第 3607 号

（中华民国二十一年十一月一日）

令西安市政处处长黄觉非

三十一年十月十七日呈一件，呈复铺垫钟楼洞砖地工程一案，附赍预算表，请核示由。

呈表均悉。查核所请将铺垫钟楼洞砖地工程需费一千零三十五元，由该处收入项下开支一节，尚属可行，应准照办，仰即知照。表存。此令。

主席　熊　斌

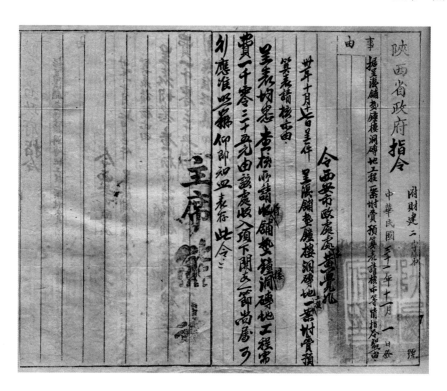

市政处为请派员会同验收铺垫钟楼门洞砖地工程呈省政府文

市工字第 159 号

（中华民国三十一年十一月十三日）

案查本处前赍铺垫钟楼洞砖地工程预算表，以漏盖本处关防及审核鉴定人名章等，经奉钧府府建二字三二八六号令饬分别更正呈核，仍另案报请验收。等因。当即遵照指示，妥为改正，另具该项预算表一纸，以市工字一二六号呈请核备在案。旋奉钧府府财建二字第三六零七号指令略开："查核所请将钟楼洞砖地工程需费一千零三十五元，由该处收入项下开支一节，尚属可行，应准照办，仰即知照。表存。此令。"等因。奉此，兹查此项工程业已完竣，拟于本年十一月十七日上午八时在本处集合，前往验收。除函请审计部陕西省审计处派员莅临外，理合备文呈请鉴核，届时派员会同验收，实为公便。

谨呈

陕西省政府主席　熊①

西安市政处处　长　黄觉非

副处长　刘政因

市政处为请派员会同验收铺垫钟楼门洞砖地工程致陕西省审计处公函

市工字第　　号

（中华民国三十一年十一月十三日）

案查本处前以铺垫钟楼洞砖地工程，曾检同预算表以市工字九零号函请贵处查

---

① 即熊斌。

照在案。旋奉陕西省政府府财建二字第三六零七号指令略开："查核所请将铺垫钟楼洞砖地工程需费一千零三十五元,由该处收入项下开支一节,尚属可行,应准照办,仰即知照。表存。此令。"等因。奉此,兹查是项工程业已完竣,拟于本年十一月十七日上午八时在本处集合,前往验收。除呈请陕西省政府派员莅临外,相应函请查照,届时派员会同验收,至纫公谊。

此致
审计部陕西省审计处

陕西省审计处为铺垫钟楼门洞砖地工程毋庸派员监验复市政处公函

稽字第 131 号

(中华民国三十一年十一月二十五日)

案准贵处本年十一月十三日市工字第一五九号函略开:"以铺垫钟楼洞砖地工程一案已告完竣,拟于本年十一月十七日上午八时在本处集合,前往验收。相应函请查照,届时派员会同验收为荷。"等由。准此,查此案前准检同工程预算一纸到处,经核尚无不合,该项金额较小,毋庸派员监验,相应函请查照为荷。

此致
陕西省西安市政处

处长　蔡厚蕃

省政府为验收铺垫钟楼门洞砖地工程事给市政处处长的指令

府建二字第 4188 号

(中华民国三十一年十二月十六日)

令西安市政处处长黄觉非

三十一年十一月十三日呈一件，呈请派员验收钟楼洞砖地工程，请鉴核由。

呈悉。查此案经派本府建设厅技正费恩霖前往验收具报去后，兹据该员十二月十日签称："奉派验收西安市政处补修钟楼洞砖地工程等因，遵于十一月十七日上午八时至市政处，会同该处黄技士怀仁，按呈报决算尺寸丈量，材料工数大致尚合，拟准予验收。兹将查验情形签请鉴核。"等情。据此，查核尚合，应准验收，除函请审计部陕西省审计处查照外，仰即知照。此令。

主席　熊　斌

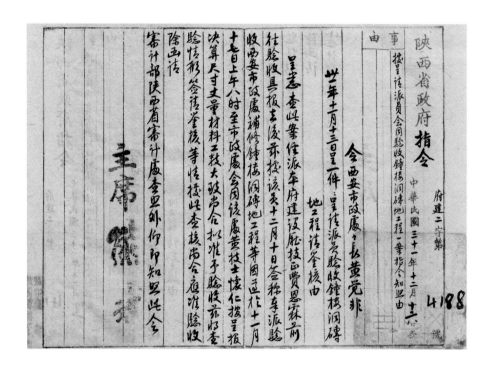

第四节　利用钟鼓楼门洞为防空避难所

1939 年（民国二十八年），西安频繁受到日机侵扰，西京建委会工程处请求利用各城门洞、钟楼、鼓楼门洞作为小规模防空洞，此请求获得省防空司令部的批准，在钟楼、鼓楼门洞内用短墙或沙包堆掩洞道加柱做防空避难所。

西京建委会工程处为请利用钟鼓楼门洞及各城门洞
为防空避难所致省防空司令部公函

字第 15 号

（中华民国二十八年四月十一日）

　　查日来本市迭受敌机扰乱，关于防空设置应力求其完善，加筑公共地下室，开辟城墙窑洞，即由贵部主持进行，不久当可兴修。兹查各城门洞及方城墙下似可利用，加筑小规模防空洞；钟楼下亦可设法将四门洞口用短墙或沙包堆掩洞道加柱，即可成极好防空处；鼓楼亦可照城门洞，加筑小洞办法如是，所费工无几，而收效颇大。相应函达，即希查照办理为荷。

　　此致
陕西全省防空司令部

省防空司令部为利用钟鼓楼门洞及各城门洞为防空避难所事
复西京建委会工程处公函

防三字第 0268 号

（中华民国二十八年四月十四日）

　　案准贵处本年四月十一日函，嘱利用本市各城门洞以及钟鼓楼下加修短墙或用沙包堆掩洞道，以作避难处所。等由。准此，本部自当酌量办理，相应函复查照为荷。

　　此致
西京市政建设委员会工程处

西安警备司令部为请拨发钟楼上警报杆改作升旗杆费用
致市政处公函

副庶字第　　号

（中华民国三十二年一月九日）

　　案据省会警察局第二分局局长王士杰呈，请发给钟楼上警报杆改作升旗杆费用，洋肆仟壹佰陆拾伍元，等情前来。查建立钟楼旗杆事关全市设备，此项费用应由贵处开支。兹特检同原单据四纸，随函送请查照，如数拨发归垫见复为荷。

　　此致
西安市政处

第五节　修补钟楼被炸工程

　　民国时期对钟鼓楼的维修，主要是在民国二十八年（1939 年）因日本侵华战争中对西安空袭，造成钟楼、鼓楼局部被炸毁，而进行的抢救性维修。钟楼被炸部位在钟楼西券洞上方，南北横跨券洞左右，东西向纵深已至一层台明廊柱以内，一层屋檐及二层回廊栏杆也在被毁之内。这次工程的基本过程：1939 年（民国二十八年）十月十日钟楼被炸，十月二十五日（西京建委会）决议修补，十月二十八日训令估价，十一月七日呈文上报预算和修筑详图，十一月十四日工程开标，十一月十八日签订工程合同，十一月二十日起动工，工期六十天，1940 年（民国二十九年）二月七日报请验收。

　　这次维修资料记载均较为详实。对青砖、白灰、青瓦、木料、砌砖、砌石、盖瓦和木工等的选用均有记录。维修工程于当年十一月二十日起动工，工期六十天。

1 西京建委会为查勘估价钟鼓楼工程给该会工程处的训令

西京建委会为查勘估价钟鼓楼工程给该会工程处的训令

令字第 156 号

（中华民国二十八年九月九日）

令工程处

查本会九月二日第一二七次会议丙临时动议，孙专门委员提议"查鼓楼、钟楼为本市名胜古迹，鼓楼屋顶前被轰炸，钟楼四周扶板汗朽，亟应修理，如何之处，请公决。"经决议："交工程处勘估报会。"等因。纪录在卷，合行录案，令仰该处即便派员前往查勘估价报会为要。

此令

委员　龚贤明　孙绍宗

雷宝华　韩安　韩光琦

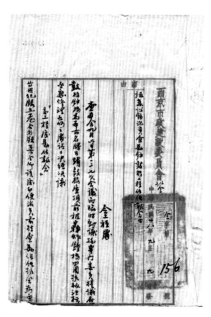

西京建委会为查勘估价钟鼓楼工程给该会工程处的训令（1）

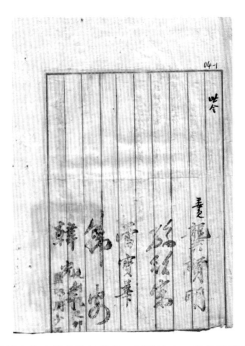

西京建委会为查勘估价钟鼓楼工程给该会工程处的训令（2）

2 西京建委会工程处为奉令编造钟楼鼓楼工程
预算表给该会的呈文

西京建委会工程处为奉令编造钟楼鼓楼工程预算表给该会的呈文

呈字第 135 号

（中华民国二十八年九月二十三日）

案奉钧会廿八年九月九日会字第一五六号训令，以录案训饬本处派员查勘钟楼、鼓楼工程估价报会一案，当经遵派本处技士孟昭义详为查勘，并着按照现时工料最低价额编造预算，兹已竣事，理合将造就该项工程预算表各一份，随文呈赍钧会鉴核，并祈提会公决示遵，实为公便。

谨呈

西京市政建设委员会

附呈赍预算表二份。

全衔处长　龚①

西京市政建设委员会工程处
补修钟楼工程费预算表

附**1**

字第＿＿＿＿号＿＿＿＿项

补修上下不带砖基

中华民国＿28＿年＿9＿月＿20＿日

种　类	单　位	单价（元）	数　量	合价（元）	附　记
青　砖	千　页	22.00	10.00	220.00	整修檐墙及内隔墙
白　灰	千　斤	30.00	6.00	180.00	粉墙砌砖
沙　子	公立方	4.50	3.00	13.50	
青　瓦	千　页	11.00	6.00	66.00	修理厨房厕所
方檐椽	根	1.50	20.00	30.00	修理西面房檐
松木檩	根	3.00	1.00	3.00	0.14φ 厨房用
楼板栏杆	公平方	4.00	78.00	312.00	二寸洋木板
脊　瓦	丈	30.00	1.50	45.00	整个楼顶
板　瓦	千　页	40.00	1.00	40.00	
筒　瓦	千　页	35.00	0.50	17.50	
洋　钉	斤	1.60	20.00	32.00	
大工工资	每　工	1.40	50.00	60.00	
小工工资	每　工	1.10	110.00	80.00	
杂　费				110.00	
小　计				1209.00	
预备费	5%			60.45	
总　计				1269.45	

计算　孟昭义（章）　　　　审核　赵明堂（章）　　　　王士熹（章）　　　　核准

---

①　这里指西京市政建设委员会工程处处长龚贤明。

附2

西京市政建设委员会工程处
修补鼓楼楼顶工程预算表

字第_____号_____项

中华民国__28__年__9__月__20__日

种 类	单 位	单价（元）	数 量	合价（元）	附 记
正脊	丈	30.00	2.00	60.00	用普通
垂脊	丈	25.00	2.50	62.50	用普通
板瓦	千页	40.00	3.00	120.00	用普通
筒瓦	千页	35.00	1.50	52.50	用普通
扶檐木	根	15.00	1.00	15.00	松木
松木椽	根	1.80	38.00	68.40	径一寸
金瓜柱	根	12.00	2.00	24.00	松木
额坊	根	14.00	4.00	56.00	
垫板	根	10.00	3.00	30.00	
站板	公平方	6.00	35.00	210.00	
工资	大工	1.60	80.00	128.00	
工资	小工	1.00	200.00	200.00	
木架费			180.00	180.00	内外二个
杂项				100.00	所有旧料能用先用
小计				1306.40	
预备费				65.32	百分之五
总 计				1371.72	

计算　孟昭义（章）　　　　审核　赵明堂（章）　　　王士熹（章）　　　　核准

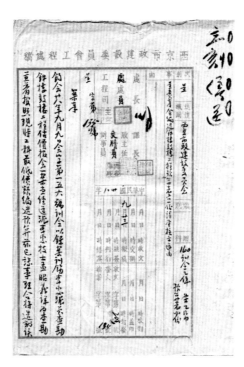

西京建委会工程处为奉令编造钟楼鼓楼工程预算表给该会的呈文（1）

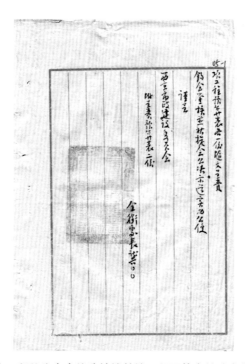

西京建委会工程处为奉令编造钟楼鼓楼工程预算表给该会的呈文（2）

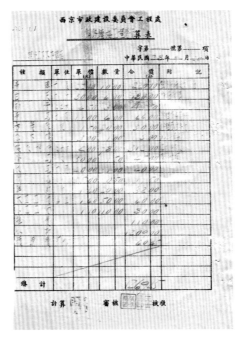

西京市政建设委员会工程处修补鼓楼楼顶工程预算表（1）

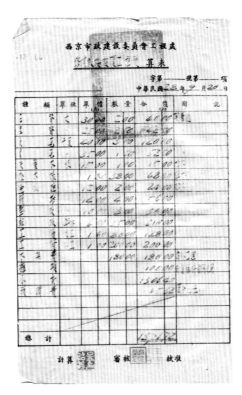

西京市政建设委员会工程处修补鼓楼楼顶工程预算表（2）

3 西京建委会为估价修筑钟楼被炸工程给该会工程处的训令

西京建委会为估价修筑钟楼被炸工程给该会工程处的训令

令字第 212 号

（中华民国二十八年十月二十八日）

令工程处

查本会十月二十五日第一二九次会议已讨论事项第一案，执行委员报告："据工务科签呈，十月十日钟楼西门被敌机轰毁，以致灰土外露，倘再经风雨冲刷，倾圮可虞，拟饬工程处招工赶修，以期巩固。"等情。经决议："令工程处估价"等因，纪录在卷，合行录案，令仰该处即便估价报会，以便修筑为要。

此令

委　员　龚贤明　孙绍宗

雷宝华　韩　安　韩光琦

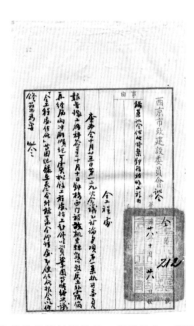

西京建委会为估价修筑钟楼被炸工程给该会工程处的训令（1）

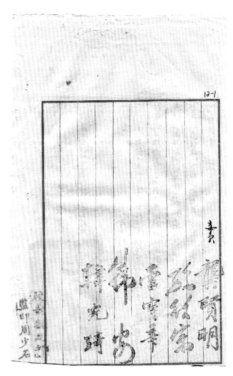

西京建委会为估价修筑钟楼被炸工程给该会工程处的训令（2）

4 西京建委会工程处为奉令编造修补钟楼被炸工程预算给该处的呈文

西京建委会工程处

为奉令编造修补钟楼被炸工程图表给该处的呈文

呈字第 185 号

（中华民国二十八年十一月七日）

案奉钧会二十八年十月二十八日会字第二一二号训令，为录案训令估价修筑钟楼被炸工程一案，遵即本诸该项工程旧有式样绘具详图，并按现时工料最低价额编造预算，计共需国币一万二千四百九十元零四角九分。理合将该项工程详图及预算各两份随文呈赍，钩会鉴核，并祈指示祗遵，实为公便。

　　谨呈

西京市政建设委员会

　　附呈赍修筑钟楼详图及预算说明书各二份。

西京市政建设委员会工程处　处　长　龚贤明

西京市政建设委员会工程处
修理钟楼工料费预算表

附2

字第＿＿＿号＿＿＿项

中华民国 __28__ 年 __11__ 月 __4__ 日

种　类	单　位	单价（元）	数　量	合价（元）	附　记
青　砖	千　页	26.00	168.00	4368.00	尽用旧砖按新砖方数扣价
黄　沙	公立方	4.60	110.00	506.00	
白　灰	千　斤	64.00	35.00	2240.00	
青　瓦	千　页	15.00	11.00	165.00	
流水瓦	千　页	30.00	0.50	15.00	
筒　瓦	千　页	60.00	4.00	240.00	
猫头瓦	千　页	66.00	0.50	33.00	
杨木椽	根	2.50	60.00	150.00	
杨木短椽	根	1.50	60.00	90.00	
额　枋	个	70.00	1.00	70.00	
垫　板	个	35.00	2.00	70.00	
拱斗廊牙	副	36.00	12.00	432.00	均按旧式样大小做
托　檩	个	40.00	2.00	80.00	
松木梁	根	30.00	1.00	30.00	
薄　板	公平方	4.00	60.00	240.00	
楼　板	公平方	5.50	50.00	275.00	西边栏杆部份
栏　杆	公平方	12.00	14.00	168.00	
圆　柱	根	15.00	1.00	15.00	接旧柱用

续表

种 类	单 位	单价（元）	数 量	合价（元）	附 记
方 柱	根	40.00	2.00	80.00	
木架费	共 计	200.00		200.00	砌洞碹在内
厚铁板	页	13.00	12.00	156.00	接梁用螺丝在内
铁 钉	斤	2.30	60.00	138.00	
土 方	公立方	0.80	94.00	75.20	
砌 砖	公立方	4.50	280.00	1260.00	
砌 石	公立方	6.00	12.00	72.00	运费在内
盖 瓦	千 页	6.50	15.00	97.50	
木 工	工	1.80	150.00	270.00	
小 工	工	1.20	300.00	360.00	
小 计				11895.70	
预备费				594.79	按本预算百分之五计
总 计				12490.49	

计算 （章）　　　　审核　赵明堂（章）王士熹（章）　　　　核准

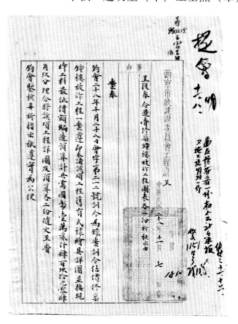

西京建委会工程处为奉令编造修补钟楼被炸工程图表给该处的呈文（1）

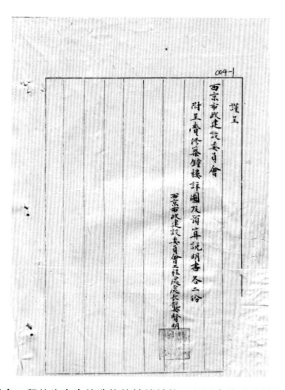

西京建委会工程处为奉令编造修补钟楼被炸工程图表给该处的呈文（2）

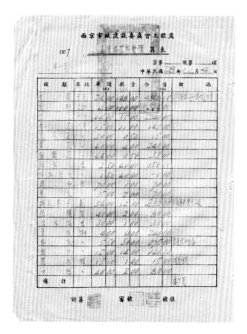

西京市政建设委员会工程处修理钟楼工料费预算表（1）

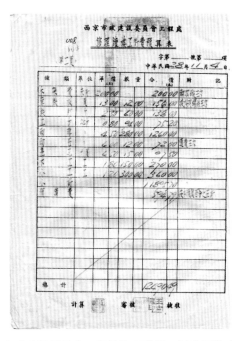

西京市政建设委员会工程处修理钟楼工料费预算表（2）

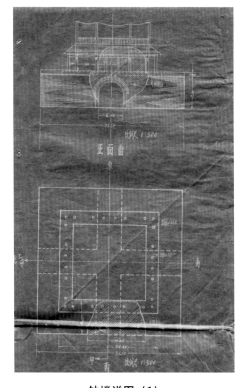

钟楼详图（1）

钟楼详图（2）

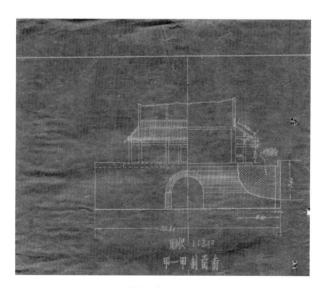

钟楼详图（3）

5 西京建委会工程处为请派员同监督修补钟楼被炸工程开标致陕西省审计处公函

西京建委会工程处为请派员会同监督修补钟楼被炸工程开标
致陕西省审计处公函①

字第 114 号

（中华民国二十八年十一月十一日）

　　查本处修补钟楼工程所拟预算，业经呈准并登报招商包修各在案。兹以该项工程定于本月十四日（星期二）下午二时，在本处会议室举行开标。除分呈外，相应函请贵处查照，届时派员会同监标，以昭慎重，至纫公谊。

　　此致
陕西省审计处

西京市政建设委员会工程处处长　龚贤明

6 西京建委会工程处为派员监督修补钟楼工程开标给该处的呈文

西京建委会工程处为派员监督修补钟楼工程开标给该处的呈文

呈字第 189 号

（中华民国二十八年十一月十一日）

　　查本处修补钟楼工程所拟预算，业经呈准并登报招商包修各在案。兹以该项工

---

① 西京市政建设委员会同时呈西京筹备委员会、陕西省政府文，请派员会同监督修补钟楼工程开标。

程定于本月十四日（星期二）下午二时，在本处会议室举行开标。除分别函呈外，理合具文呈请钧会鉴核，届时派员会同监标，以昭慎重，实为公便。

　　谨呈

西京市政建设委员会

　　　　　　　　西京市政建设委员会工程处　　处　长　龚贤明

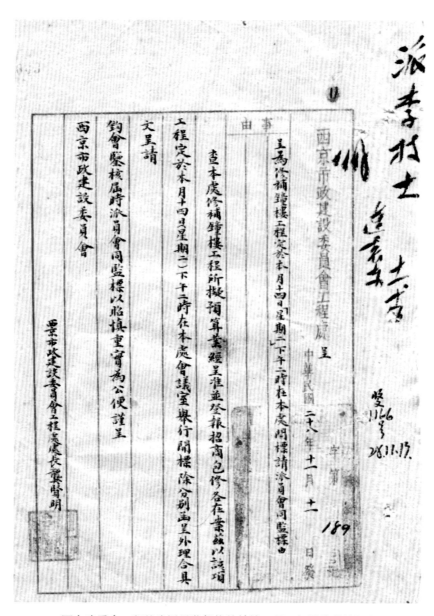

西京建委会工程处为派员监督修补钟楼工程开标给该处的呈文

7 西京建委会为随时注意切勿疏忽修补钟楼被炸工程
给工程处的指令

西京建委会为随时注意切勿疏忽修补钟楼被炸工程
给工程处的指令

令字第 226 号

（中华民国二十八年十一月十八日）

令工程处

二十八年十一月七日呈一件，呈复奉令造赍修筑钟楼被炸工程图表各两份，祈核示由。呈件均悉，经本会第一百三十次会议决议"照修"，等因，记录在卷，查该项工程浩大，需费冗钜，且因本市古迹□繁，自应慎重行事，既经瑞升建筑公司承做，更当注意铺保，并于开工后随时派员监视，盖因瑞升前头承包韦曲至申家桥碎石路面多有贻误，当时果非本会多方协助几误要公，前案犹在，岂堪重蹈覆车[辙]。合祈录案，令仰该处随时注意，切勿疏忽为要，图表存。

此令

西京建委会为随时注意切勿疏忽修补钟楼被炸工程给工程处的指令（1）

西京建委会为随时注意切勿疏忽修补钟楼被炸工程给工程处的指令（2）

8 修补钟楼增修各部略图

修补钟楼增修各部略图①

（中华民国二十八年　月　日）

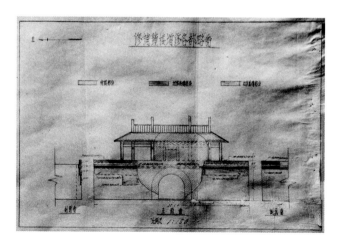

---

① 该图能直观显示钟楼被炸毁坏的情况。

9 西京建委会指令钟楼被炸工程准予照修

西京建委会指令钟楼被炸工程准予照修

令字第 730 号

（中华民国二十八年十一月二十日）

除令该处监工员严为督修外，拟再交由王主任负责督导以便限期完成。为拟。

十一月二十日

（本件送王主任及该工地监工用阅）

西京建委会指令钟楼被炸工程准予照修

10 西京建委会工程处将修补钟楼工程相关文件给该会的呈文①

西京建委会工程处将修补钟楼工程相关文件给该会的呈文

呈字第 217 号

（中华民国二十八年十二月六日）

查招商修补钟楼工程，业于十一月十四日在本处当众开标，曾经呈请钧会派员监标，并经瑞升公司以最低价得夺标各在案。兹以该项工程所有一切手续现已办理完备，除函送外，理合将所订合同、估单、说明书、保证书各二份，备文呈赍，伏乞钧会鉴核备查。

谨呈

西京市政建设委员会

附呈修补钟楼工程合同、估单、说明书、保证书各二份。

西京市政建设委员会工程处　处　长　龚贤明

附1　　　　　　　　补修钟楼工程合同

西京市政建设委员会工程处（以下简称工程处）兴筑补修钟楼工程与承包人瑞升公司（以下简称承包人）订立合同如左：

第一条　工程处所设计之各种图样及施工说明书等，承包人愿签字盖章切实遵照办理。

第二条　承包人投标时所填写标单及说明书等为本合同之一部，在工程进行期间，工程处对于工程各部分有更改或增减时，承包人须遵照建筑所有工料按投标时所填之单价计算，如标单单价不详时按照时价另行估定。

---

① 此文西京市政建设委员会工程处还给陕西省审计处去了一份公函，内容相同，文件号为公函字 132 号，因内容相同，此处不再录入。

第三条　本工程所有零星琐碎之处，如有未尽载明于施工说明书或图样等之内者，承包人须服从工程处所派监工人员指示办理，不得另索造价。

第四条　本工程所需之人工、物料、工具、竹篱、麻绳、木桩以及各种生力之法暨防护之物（压路机、路滚由本处供给）统归承包人负担，所有本工程所需用之材料，须经本处所派员负责监工人员验收后方许应用。

第五条　工程进行时承包人须负责工人安全及维持交通，并应于工作地点日间设置红旗，夜间悬挂红灯。倘有疏忽或设备不周以致发生任何意外之事，均由承包人负责。

第六条　承包人非得工程处之允许不得将本工程转包他人。

第七条　承包人须派遣富有工程经验之监工人常川在场监督，并听工程处监工员之指挥，如该监工人不称职时，工程处得通知承包人撤换之。

第八条　本工程于任何时间，如工程处查有与施工说明书不符之处，得责令承包人应即拆除并依照规定之工料重筑，所有时间及金钱之损失统归承包人负担。

第九条　订立合同时承包人须缴纳保证金洋四百元，领取收据。承包人中途有违反合同或借故推诿不完工等情事，工程处得将保证金悉数没收作为赔偿各项损失之一部。

第十条　本工程经西京建委会验收后，上项保证金可移作保固金（保固金发还办法列后），所有保证金、保固期及保固金等皆须按工程处规定办法办理。

第十一条　本工程自二十八年十一月二十日起动工，限定工作日六十天（雨雪或暴风警报天除外），逾限由承包人按日罚洋一八〇元〇角〇分（约合总包价百分之二），工程处在应发公款内扣除之。如遇雨雪或暴风确难工作时，须由本处所派负责人员之签字证明，始得展期完工。

第十二条　本工程于开工之后验收之前，其已完成之工程概由承包人负责保管，凡一切意外所受之损失皆有承包人完全负责。

第十三条　承包人须觅殷实铺保一家（资本在　万元以上）。倘承包人有违背合同或不能履行合同任何条款，由保证人代承包人负本合同所订一切责任，保证人须填写保证书并在本合同后方签字盖章，表示承认各款。

第十四条　若承包人无故停止工作或延缓履行合同时，经本处书面通知后三日内仍未遵照工作，由本处一面通知保证人，一面另雇他人继续承包工作，所有场内之材料、器具、设备等概归本处使用，而其续造工程之费用及延期损失等，本处由工程包价内扣除之，如有不足之处均归保证人赔偿。

第十五条　本工程总包价为九伍八六元玖角０分（若承包人系投单价，其总价依工程完竣后实收数量结算为准）。

第十六条　本工程分三期付款。

第一期　砖拱及前面砖墙砌起付第一期款四千元

第二期　土方填竣，梁柱立起，台篆做好付第二期款三千五百元

第三期

第末期　工竣验收后除保固金外全数付清

第末期经西京建委会派员验收后除保固金外扫数结清。

各期付款须由负责督工人员填写请款书，经工程处第二课证明后，呈请核发。

第十七条　保固金三百元在总包价内扣存俟保固期满后发还，保固期自验收日算起。（因保固期延长，保固金可不必扣存，但须具补保）。

第十八条　本工程全部验收后，保固时期规定为六个月，如有损坏之处承包人得本处通知后立即前往遵照修理，否则工程处代觅工人修理，所有工料费用在保固金内扣除。

第十九条　本合同保证书及施工说明书均缮，同样五份，三份送呈西京建委会备案，一份存西京建委会工程处，一份有承包人收执。

中华民国二十八年十一月十八日　立

西京市政建设委员会工程处　　（章）

承包人　　瑞升公司　　　　　（章）

住　址　　城隍庙后街一○三

保证人　　永发诚　　　　　　（章）

住　址　　西大街四八二号

附 2

西京市政建设委员会工程处
修补钟楼标单

种　类	单　位	单价（元）	数　量	总价（元）	备　考
青　砖	千　页	26.00	95.00	2470.00	尽旧砖用，按新砖方数扣价
黄　沙	公立方	4.50	70.00	315.00	
白　灰	千　斤	45.00	38.00	1710.00	富平灰
青　瓦	千　页	42.00	2.50	105.00	
流水瓦	千　页	50.00	0.10	5.00	
筒　瓦	千　页	42.00	1.50	63.00	
猫头瓦	千　页	50.00	0.10	5.00	
杨木椽	根	2.00	66.00	132.00	
杨木短椽	根	1.20	66.00	79.20	
接补材料	个			150.00	连檐在内
垫　板	个	6.00	1.00	6.00	接补现有82公尺长垫板
拱斗廊牙	付	72.00	8.00	576.00	均按旧式样尺寸做
小托檩	根	42.00	1.00	42.00	
托檩下额坊［枋］	公尺	4.00	38.00	152.00	
松木梁	根	35.00	2.00	70.00	无松木时则以杨木为准
簿　板	公平方	2.50	54.00	135.00	代苇帘用
楼　板	公平方	8.00	48.00	384.00	西边栏杆部份
栏　杆	公平方	6.70	31.00	207.70	
园　柱	根	30.00	1.00	30.00	接旧柱用
方　柱	根	35.00	2.00	70.00	
木架费	共　计			150.00	砌洞碹台在内
厚铁板	共　计			150.00	接梁用四分之一厚螺钉在内
铁　钉	斤	1.50	36.00	54.00	
土　方	公立方	2.00	300.00	600.00	

种　类	单　位	单价（元）	数　量	总价（元）	备　考
砌　砖	公立方	4.50	310.00	1395.00	用 1 比 2 灰沙浆砌
砌　石	公立方	7.00	5.00	35.00	运费在内，用 1 比 1 灰沙浆砌
盖　瓦	千　页	10.00	4.20	42.00	
木　工	工	1.60	180.00	288.00	
□　工	工	1.20	120.00	144.00	

以上共计总标价国币玖仟伍佰捌拾陆元玖角整（全数用新砖应合壹万壹仟玖佰贰拾陆元玖角）。除注明者外，一切木质均以杨木为准。

保证人

住　址

投标人　瑞升建筑公司　　　　　　（章）

住　址

中华民国二十八年十一月十三日　投

附3　　　　　　　　　修补钟楼施工说明书

总则

1. 凡属本工程范围内之一切修补事项均须按照本说明书办理之。

2. 在未施工前被炸部分必须清理清楚，未塌下而已有裂缝及歪斜部分均需拆除以不危及上层建筑为标准。

3. 承包人应切实遵照本处所发蓝图尺寸大小办理之不得稍有更改。

4. 开工后应注意四周路线，不得有阻碍四周交通。

材料

1. 青砖：本工程所用砖料先尽旧砖使用，不足数用新砖补足，旧砖未用前必须将灰缝除净，新砖必须火色透均〔匀〕，方得使用。

2. 白灰：以鞏县灰未经水湿者为合用，块状不得少于三分之一，面状不得多余三分之二。

3. 黄沙：砂粒需匀不得杂有泥土

4. 青瓦：瓦分普通瓦、流水瓦、筒形瓦、猫头瓦，四种均需按照旧式尺寸大小由承包人自行办理之，必需火色透匀方得使用。

5. 木料：所用木料均先准旧料使用，损坏者或腐朽部分均需用新木料接补，不得因循将就。木椽大头一〇公分；方柱三十二公分，正方高位三百公分；圆柱直径四十五公分，高五百二十公分；额枋四十五公分乘三十五公方见方，长度四百二十公分、八百一十公分各一；一垫板三十五公分乘二十五公分见方，长度共一千二百三十公分，相接部分必须在方柱或圆柱上端，不得在空间连接。拱斗廊牙、上下梁及托檩均按旧式尺寸大小仿作，不得稍有更改。补齐楼上栏杆及西边由栏杆至墙根楼板全部。

施工

1. 砌砖：用 1：2 灰浆灌砌，新砖未用前必需经过水湿之。

2. 砌石：用 1：1 灰浆砌石料，不足时请主管工程司酌量办理之。

3. 盖瓦：不得稍有离缝或不齐之处。

4. 木工：梁木长度不足应用新料接补时，上下必需垫铁板，用螺钉钉紧，不得稍有疏忽。

5. 本说明书如有未尽事项得随时增加之。

附4 保证书

兹因承包人瑞升公司与西京市政建设委员会工程处订立合同，兴筑补修钟楼工程，保证人愿担保该承包人切实履行合同；如有违反合同或因任何事故发生不能履行合同时，保证人愿按照合同规定负全责任，并赔偿该项工程所受一切损失。自具此保证书后，即负担保之责，至全部工程验收，并保固期满后为止。所具保证书是实。

保证人　永发钱号

民国二十八年十一月十三日

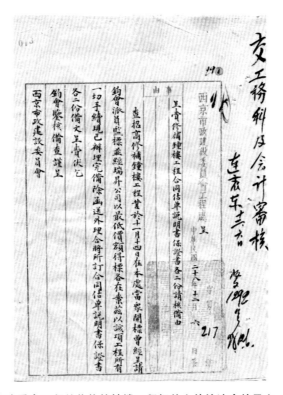

西京建委会工程处将修补钟楼工程相关文件给该会的呈文（1）

西京建委会工程处将修补钟楼工程相关文件给该会的呈文（2）

补修钟楼

工程合同 承包人瑞昌公司經理

字號 年 月 日

西京市政建設委員會工程處

修补钟楼工程合同 （1）

西京市政建設委員會工程處（以下簡稱工程處）與第承包人（以下簡稱承包人）瑞昌公司（以下簡稱承包人）訂立合同如左

工程處所設計之各種圖樣及施工說明書等承包人願簽字蓋章補修鐘樓

第一條 工程處所設計之各種圖樣及施工說明書等為本合同之一部在工進行期間工程處對於工程各部份有更改或增減時承包人須遵照建築所有工料按投標時所填之單價計算如標單單價不載時按照時價另行估定

第二條 承包人投標時所填需之標單及說明書等為本合同之一部在工切實遵照辦理

第三條 本工程所有零星瑣碎之處如有未盡載明於施工說明書或圖樣等之內者承包人須服從工程處所派監工人員指示辦理不得另索造價

第四條 本工程所需之人工物料工具竹籬蘆蓆繩木棧以及各種生力之法暨

修补钟楼工程合同 （2）

70

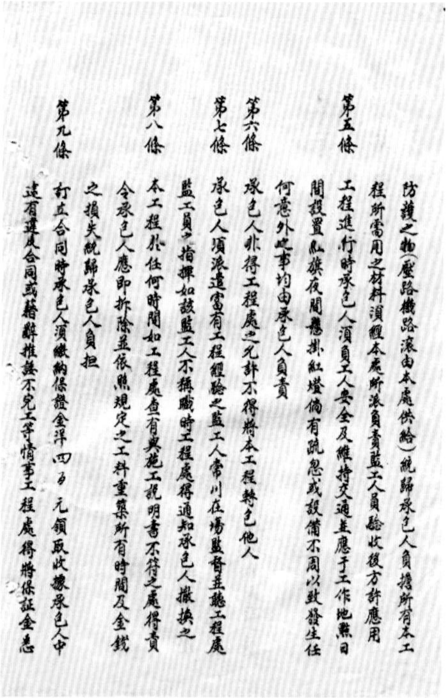

防護之物（壓路機路滾由本處供給）統歸承包人負擔所有本工
程所需用之材料須經本處所派負責監工人員驗收後方許應用

第五條　工程進行時承包人須負工人安全及維持交通並應于工作地點日
間設置紅旗夜間懸掛紅燈倘有疏忽或設備不周以致發生任
何意外事均由承包人負責

第六條　承包人非得工程處之允許不得將本工程轉包他人

第七條　承包人須派遣富有工程經驗之監工人常川在場監督並聽工程處
監工員之指揮如該監工人不稱職時工程處得通知承包人撤換之

第八條　本工程於任何時間如工程處查有與施工說明書不符之處得責
令承包人應即拆除並依照規定之工料重築所有時間及金錢
之損失統歸承包人負担

第九條　訂立合同時承包人須繳納保證金洋四夕元領取收據承包人中
途有違反合同或藉辭推諉不完工等情事工程處得將保証金悉

修补钟楼工程合同（3）

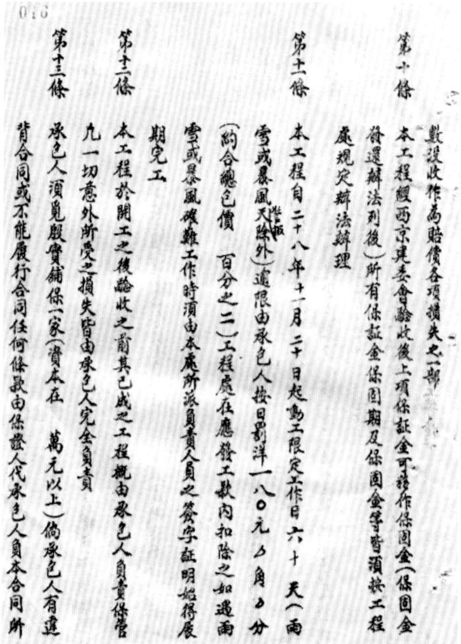

數沒收作為賠償各項損失之一部

第十條　本工程經西京建委會驗收後上項保証金可移作保固金（保固金
發還辦法列後）所有保証金保固期及保固金等皆須按工程
處規定辦法辦理

第十一條　本工程自二十八年十一月二十日起動工限定工作日六十天（雨
雪或暴風天除外）逾限由承包人按日罰洋一八〇元夕角夕分
（約合總包價　百分之二）工程處在應發工款內扣除之如遇雨
雪或暴風礙難工作時須由本處所派負責人員之簽字証明始得展
期完工

第十二條　本工程於開工之後驗收之前其已成之工程概由承包人負責保管
凡一切意外所受之損失皆由承包人完全負責

第十三條　承包人須覓殷實舖保一家（資本在　萬元以上）倘承包人有違
背合同或不能履行合同任何條款由保證人代承包人負本合同所

修补钟楼工程合同（4）

第十四條
訂一切責任保証人須填寫擔保証書呈在本合同後方簽字蓋章為承
認各款

若承包人無故停止工作或延緩展行合同所載本處書面通知後
三日仍未遵照工作由本處一面通知保証人一面另僱他人繼續承
包工作所有場內之材料器具設備等概歸本處使用而其繼造工
程之費用及延期損失等由本處工程包價內扣除之如有不足之
處扣保證人賠償

第十五條
本工程隱包價為玖仟陸元玖角□分(若承包人係投單價其總
價依工程完竣實收數量結算為率)

第十六條
本工程分三期付歉
第一期 磚□及前面磚牆如起付第一期歉四□□元
第二期 土方填竣棧柱五起合義作好付第二期歉三仟□元元
第三期

修补钟楼工程合同（5）

第末期工竣驗收後除保固金外全歉付清
第末期經西京建委會銀員驗收後保固金外掃歉付清
各期付歉須函由西京建委會工人員填滿請欵經工程處第二課証明
收日算起
保固金三万元在總包價內扣存保固期滿後發還保固期自驗

第十七條
本工程全部驗收後保固期時期規定為六個月如有損壞之處承包人
得本處通知立即前往遵照修理否則工程處代覓工人修理所有
工料費用在保固金內扣除

第十九條
本合同保証書及起工親明書內繕同樣五份三份送呈西京建委會
備案一份存西京建委會工程處一份由承包人收執

中華民國 二十八 年 十一月 十八 日 立

修补钟楼工程合同（6）

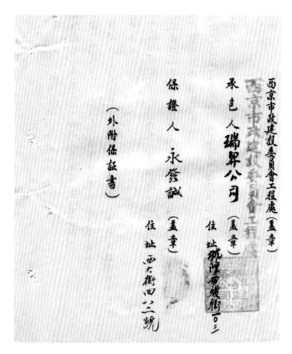

修补钟楼工程合同（7）

修补钟楼标单（1）

修补钟楼标单（2）

修补钟楼标单（3）

修补钟楼施工说明书（1）

修补钟楼施工说明书（2）

修补钟楼施工说明书（3）

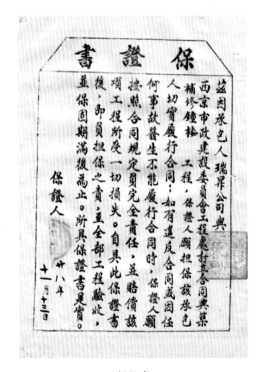

保证书

11 瑞升公司为增加修补钟楼被炸工程费用并展限工程日期呈西京建委会工程处文

瑞升公司为增加修补钟楼被炸工程费用并展限工程日期
呈西京建委会工程处文

（中华民国二十八年十二月二十六日）

为呈请加价展期事。窃敝公司承包补修钟楼，当开工时，奉钧处命令使用公家旧砖，敝公司故未定购。今复奉命使用新砖，而今价格较开工时每千高涨十元，除用公家旧砖外，敝公司需赔意外之损失八百余元。更值用砖之时忽而中断，四出定购，又值车辆难雇，恕难定期完工，祈展限十日。理合具情，恳祈钧处以体下情，伏乞设法加价展期。谨呈
西京市政建设委员会工程处

包商　瑞升建筑公司　谨呈

批示：准予展期十日，惟温度在冰点以下时，即令停止工作，余如拟。

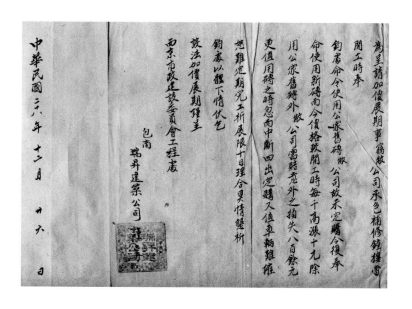

12 西京建委会工程处为核发修补钟楼工程第一期工款
给该会的呈文

西京建委会工程处为核发修补钟楼工程第一期工款
给该会的呈文呈字第 27 号

（中华民国二十九年一月十七日）

查本处招商补修钟楼工程，业经瑞升建筑公司得标承做，并将合同等件呈赍在案。兹查该项目工程已将砖拱及墙面砌成，按照合同第十六条之规定，应付第一期款四千元，理合将该领款单第三联一纸，随文呈赍钧会，鉴核发给，实为公便。

　谨呈
西京市政建设委员会
　附呈赍领款单一纸

西京市政建设委员会工程处　处　长　龚贤明

副处长　谢清河

附　　　　　　　　　　**补修钟楼工程领款单**

工程名称：钟楼补修工程　　　　　　　　　　　　　　承包人：瑞升建筑公司

工作情况									（元）
种类	单位	单价（元）	本期数量	连前共计数量	本期应付款数（元）	连前共计款数（元）	共完成工程%	预算总价	12490.49
砌砖	公立方	4.50	310.00		1395.00		40%	总包价	9586.90
黄砂	公立方	4.50	64.00		288.00			已支款数	
青砖	千　页	26.00	47.50		1235.00			本期请领款数	4000.00
白灰	千　斤	45.00	38.00		1710.00			连前共领款数	4000.00

续表

工作情况									（元）	
种类	单位	单价（元）	本期数量	连前共计数量	本期应付款数（元）	连前共计款数（元）	共完成工程%	预算总价	12490.49	
								附　记		
								按照合同第十六条规定，砖拱及前面墙砌好应付第一期款四仟元。查该工程砖拱及规定墙面砌成，应照付第一期款四仟元整。		
					—					
共计					4628.00					

填表人　周世继（章）　　　工程司（章）　　　科长　赵明堂（章）　　　处长　龚贤明（章）

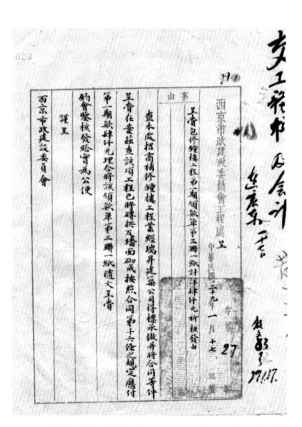

西京建委会工程处为核发修补钟楼工程第一期工款给该会的呈文（1）

西京建委会工程处为核发修补钟楼工程第一期工款给该会的呈文（2）

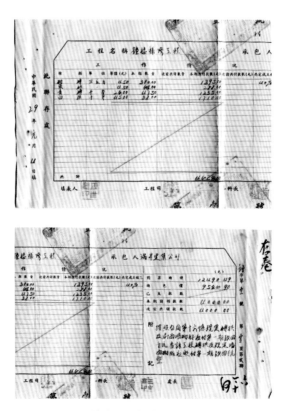

补修钟楼工程领款单（1）（2）

13 西京建委会工程处为呈赍补修钟楼工程第二期
领款单给该处的呈文

西京建委会工程处为核发补修钟楼工程第二期
工款给该会的呈文

呈字第 53 号

（中华民国二十九年二月三日）

　　查补修钟楼工程第一期领款单计洋肆仟元，业经呈赍核发在案。兹谨将该项目第二期领款单第三联一纸，计洋叁千伍佰元，随文呈赍钧会，鉴核发给，实为公便。
　　谨呈
西京市政建设委员会
　　附赍补修钟楼工程第二期领款单第三联一纸

西京市政建设委员会工程处　处　　长　龚贤明

副处长　谢清河

附　　　　　　　　　**补修钟楼工程领款单**

工程名称：钟楼补修工程　　　　　　　　　　　　　　承包人　瑞升建筑公司

工作情况									（元）
种类	单位	单价（元）	本期数量	连前共计数量	本期应付款数（元）	连前共计款数（元）	共完成工程%	预算总价	12490.49
青砖	千页	26.00	47.50	95.00	1235.00	2470.00	100%	总包价	9586.90
黄砂	公立方	4.50	6.00	70.00	27.00	315.00	100%	已支款数	4000.00
白灰	千斤	45.00		38.00		1710.00	100%	本期请领款数	3500.00
青瓦	千页	42.00	1.50	1.50	63.00	63.00	100%	连前共领款数	7500.00

续表

工作情况									（元）
种类	单位	单价（元）	本期数量	连前共计数量	本期应付款数（元）	连前共计款数（元）	共完成工程%	预算总价	12490.49
流水瓦	千页	50.00	0.10	0.10	5.00	5.00	100%	附　记	
筒瓦	千页	42.00	0.50	0.50	21.00	21.00	30%	按照合同第十六条规定，土方填竣，梁柱立起，台椽作好付第二期款，3500.00 元。	
猫头瓦	千页	50.00	0.10	0.10	5.00	5.00	100%		
土方	公立方	2.00	300.00	300.00	600.00	600.00	100%		
砌砖	公立方	4.50		310.00		1395.00	100%		
砌石	公立方	7.00	5.00	5.00	35.00	35.00	100%		
木架费					150.00	150.00	100%		
厚铁板					150.00	150.00	100%		
木料等项					1457.00	1457.00	80%		
共计					3748.00	8376.00			

　　填表人　周世继（章）　　　　工程司（章）　　　　科长　赵明堂（章）　　　　处长　龚贤明（章）

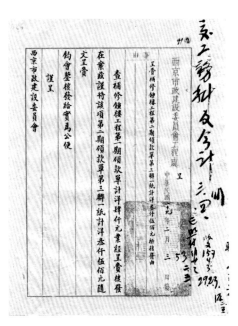

西京建委会工程处为核发补修钟楼工程第二期工款给该会的呈文（1）

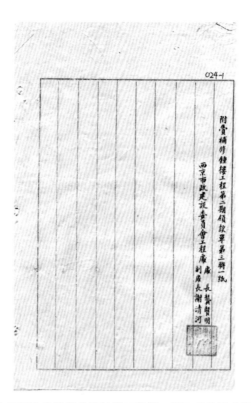

西京建委会工程处为核发补修钟楼工程第二期工款给该会的呈文（1）

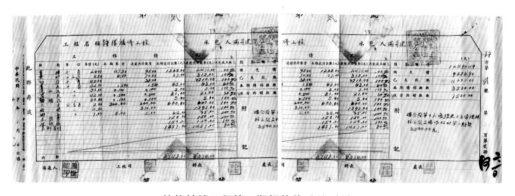

补修钟楼工程第二期领款单（1）（2）

14 瑞升公司为验收修补钟楼被炸工程
呈西京建委会工程处文

瑞升公司为验收修补钟楼被炸工程呈西京建委会工程处文

（中华民国二十九年二月七日）

为呈报竣工事。窃商承包补修钟楼工程，业已全部告竣。理合具报，恭候验收。特此。

谨呈

西京市政建设委员会工程处

承包者　西安瑞升建筑公司（章）呈

15 西京建委会工程处为派员验收钟楼补修
工程给该会的呈文

西京建委会工程处为派员验收钟楼补修工程给该会的呈文

呈字第 83 号

（中华民国二十九年二月二十四日）

案据瑞升建筑公司二十九年二月七日呈称："为呈报事，窃商承包补修钟楼工程，业已全部告竣，理合具报，恭候验收。"等情，据此，除分函外，理合具文呈请钧会鉴核，派员会同验收，以昭郑重，借资结束，并请将验收日期示遵，实为公便。

谨呈

西京市政建设委员会

西京市政建设委员会工程处　处　长　龚贤明

副处长　谢清河

二月二十四日

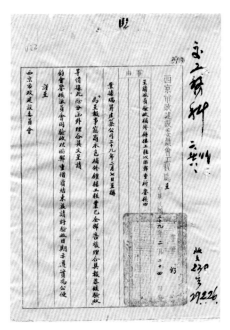

西京建委会工程处为派员验收钟楼补修工程给该会的呈文（1）

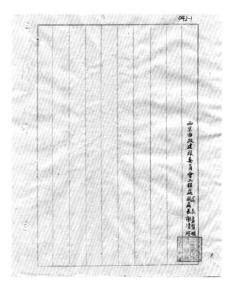

西京建委会工程处为派员验收钟楼补修工程给该会的呈文（2）

16 西京建委会工务科为验收修补钟楼被炸工程
致该会工程处笺函

西京建委会工务科为验收修补钟楼被炸工程致该会工程处笺函

字第　号

（中华民国二十九年二月二十九日）

案查钟楼工程已与审计处商定三月七日午后二时验收，届时请派员来会，随同前往，并转知瑞升公司为荷。

　　此致

工程处①

西京市政建设委员会工务科（章）

17 省会警察局为速修钟楼内部致西京建委会的公函

省会警察局为速修钟楼内部致西京建委会的公函

总字第 41 号

（中华民国二十九年三月十一日）

　　查本市钟楼地区冲要，向由本局保安警察第五中队驻防，藉以瞰制全市，维护安宁。旋因该楼被炸塌毁一隅，不得已远迁他处。现在钟楼外部，已承贵会修茸完整，惟楼内门窗栅栏等，仍属残缺不全。相应函请查照，希将该处内部，迅予饬工

---

① 即西京市政建设委员会工程处。

修竣，以便还驻，而策公安，并盼见复为荷。

此致

西京市政建设委员会

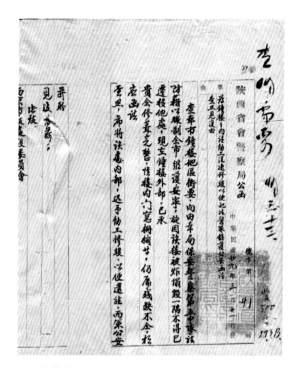

省会警察局为速修钟楼内部致西京建委会的公函

18 西京建委会为转饬承包商添补钟楼二楼檐柱
给该会工程处的指令

西京建委会为转饬承包商添补钟楼二楼檐柱给该会工程处的指令

令字第 102 号

（中华民国二十九年三月十四日）

令工程处

二十九年二月二十四日呈一件，呈请派员验收补修钟楼工程，以昭郑重，祈鉴核由。

呈悉。经派员会同审计处前往验收，据称二楼栏杆尚未接连，盖因缺少檐柱一根，既不坚固，亦欠雅观。仰即转饬该承包公司设法添补，需价若干，先行报核，再行办理。

此令

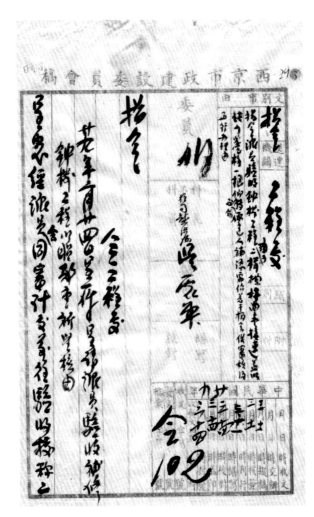

西京建委会为转饬承包商添补钟楼二楼檐柱给该会工程处的指令（1）

西京建委会为转饬承包商添补钟楼二楼檐柱给该会工程处的指令（2）

19 修补钟楼门窗相关往来文件

钟楼门窗残缺不堪，前系保安警五中队驻防未炸毁，前五中队住时必定完整，旧物未知何往，如需修葺完整不下千元，拟需查究旧门窗配置后缺小数再行添补，是否之处签请鉴核。

职①王士熹呈

三月十五日

---

① 职位为工程司主任

呈报钟楼门窗勘察结果

案据警局公函为钟楼内请饬修门窗等情业由王工程司前往实施查勘,据称:五中队住时必定完整,旧物未知何往,拟先查究旧情,不能归还原物则添配之费冗巨,查本会经费有限难能承担,拟□警局自行修葺,是否之处,理合鉴请。

谨呈

工务科

三月十六日

呈报修理钟楼门窗职责事宜

20 西京建委会复警察局关于速整修钟楼内部的公函

西京建委会复警察局关于速整修钟楼内部的公函

市字第 117 号

（中华民国二十九年三月十九日）

案准贵局三月十一日总字第 41 号函开：速修钟楼内部以便配驻警队以维公安，等由，准此，经即饬技本会工务科查勘后略开，查保安警第五中队前驻钟楼时一切木石完整，方能驻守，今则旧料失遗过多半，若重新添配需材甚多，而用费大钜。应请转函警察局，先行查询旧料，再办。等清。据此，复查本会关于其他机关代案工程，业经二月二十八日谈话会决议：嗣后免代各机关修筑，等因，纪录在卷，兹准前由，相应函即请。查以为荷。

此致

陕西省会警察局

西京建委会复警察局关于速整修钟楼内部的公函（1）

91

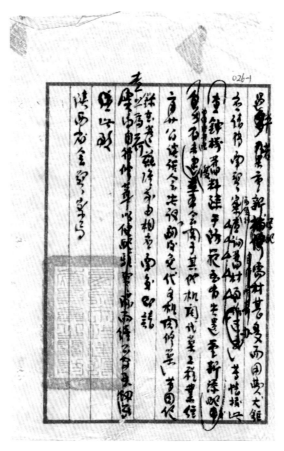

西京建委会复警察局关于速整修钟楼内部的公函（2）

21 呈报钟楼修理檐柱费用

呈　开

钟楼上西边房柱原照旧样柱起工料洋四十五元。

承保人：瑞升公司

谨呈

西京市政建设委员会工程处

四月六日

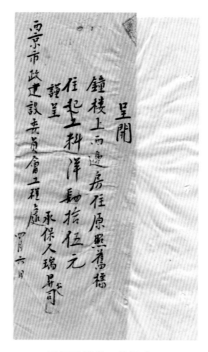

呈报钟楼修理檐柱费用

22 西京建委会工程处为承修钟楼二楼檐柱费用给该会的呈文

西京建委会工程处为承修钟楼二楼檐柱费用给该会的呈文

呈字第 144 号

（中华民国二十九年四月十一日）

案奉钧会二十九年三月十四日令字第 102 号指令，为派员验收钟楼工程，关于二楼栏杆尚未接连，盖以缺少檐柱一根，仰即转饬承包人补添，需价若干，报会俟审核后再行办理一案。遵即着该包商从低估计，兹据包商送来估单，洋为肆拾伍元整，是否有当，理合将该估单一纸，备文呈赍钧核鉴核。

　　谨呈

西京市政建设委员会

附赍估单一纸①。

西京市政建设委员会工程处　处　长　龚贤明

副处长　谢清河

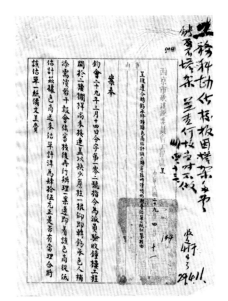

西京建委会工程处为承修钟楼二楼檐柱费用给该会的呈文（1）

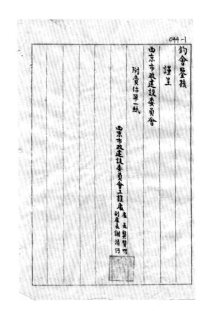

西京建委会工程处为承修钟楼二楼檐柱费用给该会的呈文（2）

---

① 见前述承包商呈报文件。

23 西京建委会工程处为报送修补钟楼工程
结算表等给该会的呈文

西京建委会工程处为报送修补钟楼工程结算表等给该会的呈文

字第 148 号

（中华民国二十九年四月十三日）

查修补钟楼工程前于全部完成后，当经呈请派员验收在案。兹查该项工程业经结算完毕，理合将结算表及增加工料计算表、施用旧料扣价计算表各二份，备文呈赉，伏乞钧会鉴核。

谨呈

西京市政建设委员会

附赉修补钟楼工程结算表及增加工料计算表、施用旧料扣价计算表各二份。

西京市政建设委员会工程处　处　长　龚贤明

副处长　谢清河

附1

西京市政建设委员会工程处
修补钟楼工程结算表

承造厂商　　瑞升建筑公司	规定期限　　60 天
订立合同日期　28 年 11 月 18 日	根据合同扣除日数　天雨 6 日　警报 6 日　天冷 1 日
开工日期　28 年 11 月 20 日	核准延期日数　10 天
完工日期　29 年 2 月 7 日	逾期日数　　无
预计	结算
合同所订总价　　$ 9586.90	实做工程费额　　$ 10248.79

续表

承造厂商　瑞升建筑公司		规定期限　60 天	
追加——1. 油刷工料	$ 111.25	扣罚款额——1. 除旧砖	$ 285.22
2. 新砖墙工料	$ 142.23	2.	
3. 旧砖墙工料	$ 408.41	3.	
4.		4.	
共计	$ 10248.79	净付	$ 9963.57

处长　　课长　赵明堂（章）　　　　负责工程司　朱观会（章）　　　　监工员　董国珍（章）

西京市政建设委员会工程处
修补钟楼增加工料计算表

附 2

字第_____号第_____项

中华民国 __29__ 年 __3__ 月 __22__ 日

种　类	单　位	单价（元）	数量	合价（元）	附　记
新砖墙（砌栏［拦］水墙）	公立方	24.65	5.77	142.23	
旧砖墙（砌西南面墙等）	公立方	10.35	39.46	408.41	
生　油	斤	1.00	45.00	45.00	
皮　胶	斤	1.35	5.00	6.75	
松　墨	斤	1.50	3.00	4.50	
黄　土	斤	0.50	20.00	10.00	
人　工	工	1.50	30.00	45.00	
总　计				661.89	

计算　朱观会（章）　　　　审核　赵明堂（章）　　　　核准

西京市政建设委员会工程处
修补钟楼施用旧料扣价计算表

附3

字第＿＿＿＿号第＿＿＿＿项

中华民国＿29＿年＿3＿月＿22＿日

种类	单位	单价（元）	数量	合价（元）	附记
旧砖	千页	26.00	10.97	285.22	按原标单计
总计				285.22	

计算　朱观会（章）　　　　审核　赵明堂（章）　　　　核准

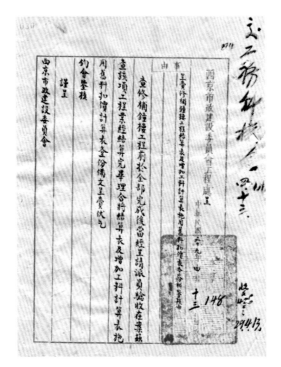

西京建委会工程处为报送修补钟楼工程结算表等给该会的呈文（1）

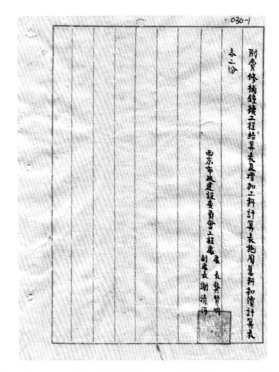

西京建委会工程处为报送修补钟楼工程结算表等给该会的呈文（2）

24 西京建委会为重估增补钟楼二楼檐柱费用
给该会工程处的指令

西京建委会为重估增补钟楼二楼檐柱费用给该会工程处的指令

令字第 140 号

（中华民国二十九年四月十九日）

令工程处

本年四月十一日呈一件，呈复承修钟楼包商估计二楼檐柱时价情形，祈鉴核由。

呈悉，查钟楼加柱不用搭架，即可装置，原估价额过昂，仰转饬包商另行从低价估计，再行送核。又，此项檐柱，因何当时不做，着一并查明具报为要。

此令

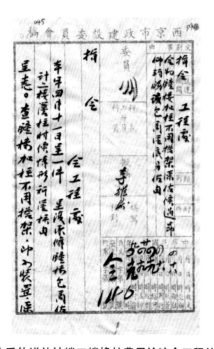

西京建委会为重估增补钟楼二楼檐柱费用给该会工程处的指令（1）

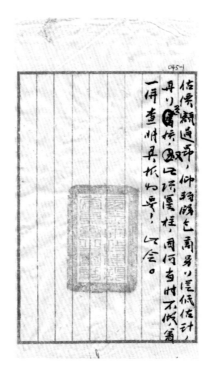

西京建委会为重估增补钟楼二楼檐柱费用给该会工程处的指令（2）

25 西京建委会为二楼缺少檐柱速予增补给该会工程处的训令

西京建委会为二楼缺少檐柱速予增补给该会工程处的训令

令字第 199 号

（中华民国二十九年六月七日）

令工程处

案查钟楼西部二楼缺少檐柱，曾经本会于四月十九日以第一四零号指令该处转饬该包商不用搭架，从低估计具报在案。可违令日久，尚未呈复，而该楼工程早经竣工，唯全部尚缺一柱，观之殊为不雅，合行令饬该处迅予增补具报为要。

此令

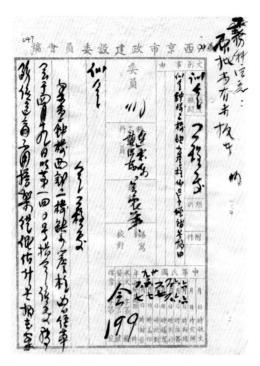

西京建委会为二楼缺少檐柱速予增补给该会工程处的训令（1）

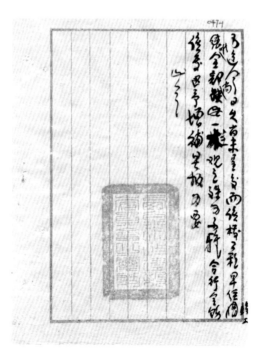

西京建委会为二楼缺少檐柱速予增补给该会工程处的训令（2）

26 西京建委会工程处为估计钟楼二楼檐柱工料费给该会的呈文

西京建委会工程处为估计钟楼二楼檐柱工料费给该会的呈文

呈字第 209 号

（中华民国二十九年六月十四日）

　　案奉钧会二十九年六月七日令字第 199 号训令，为钟楼二楼缺少檐柱，饬迅予增补具报等因。奉此，查此案前于四月十九日奉令后，当经转饬该瑞升公司估计在案，惟迄今未见呈复前来。奉令前因，除再通知该公司并限一星期内遵办外，理合先行呈复钧会鉴核备查。

　　谨呈

西京市政建设委员会

西京建市政设委员会工程处　　处　　长　　龚贤明

副处长　　谢清河

西京建委会工程处为估计钟楼二楼檐柱工料费给该会的呈文（1）

西京建委会工程处为估计钟楼二楼檐柱工料费给该会的呈文（2）

27 西京建委会工程处为核发修补钟楼被炸工程第三期
工款给该会的呈文

西京建委会工程处为核发修补钟楼被炸工程第三期
工款给该会的呈文

呈字第 273 号

（中华民国二十九年八月二十七日）

查补修钟楼工程早经告竣，兹将该项工程末期领款单第三联一纸，计国币贰仟肆佰陆拾叁元伍角柒分，理合备文呈送钧会鉴核发给，以资清结，实为公便。

谨呈

西京市政建设委员会

附赍补修钟楼工程末期领款单第三联一纸①。

西京市政建设委员会工程处　处　长　龚贤明

副处长　谢清河

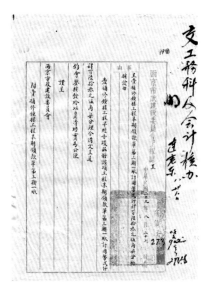

西京建委会工程处为核发修补钟楼被炸工程第三期工款给该会的呈文（1）

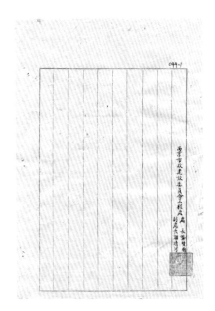

西京建委会工程处为核发修补钟楼被炸工程第三期工款给该会的呈文（2）

---

① 未在档案内发现此存联。

第六节　将钟楼上警报杆改为升旗杆

1943 年（民国三十二年），在警备司令部的请求下，将钟楼上警报杆改为升旗杆①。虽现查找到的档案中只有关于工程经费的往来文件，但可印证这一史实。

西安警备司令部为请拨发钟楼上警报杆改作升旗杆
费用致市政处公函

副庶字第　　号

（中华民国三十二年一月九日）

案据省会警察局第二分局局长王士杰呈，请发给钟楼上警报杆改作升旗杆费用，洋肆仟壹佰陆拾伍元，等情前来。查建立钟楼旗杆事关全市设备，此项费用应由贵处开支。兹特检同原单据四纸，随函送请查照，如数拨发归垫见复为荷。

此致
西安市政处

市政处为验收钟楼上升旗杆工料呈省政府文

市工字第 334 号

（中华民国三十二年二月二十五日）

案查本处前准备警备司令部函，嘱拨付钟楼上警报杆改作升旗杆工料费一案，经拟具开支款源，从市工字三零一号呈，奉钧府财三县字第五三二号代电，节开："查核所拟各节尚无不合，应准照办，饬查照。"等因。奉此，除将该项原单据四纸

---

① 西安警备司令部为请求拨付将警报杆改为升旗杆的费用，呈文给西安市政处，西安市政处又呈文给省政府，经过审核、验收工料，往来文件 8 封，最终拨付款项，为便于读者明了拨付款项一事，本书只引用了费用往来的第一封和最后一封文件以及市政处验收工料的文件。

备函送请该部查收，转饬换据领款处，兹拟于三月二日下午三时为验收该项升旗杆工料期间。理合具文呈请鉴核，届时派员莅临本处，以便陪同前往验收，实为公便。

谨呈

陕西省政府主席　熊斌

<h2 style="text-align:center">市政处为拨付钟楼上警报杆改作升旗杆费用一事再复西安
警备司令部公函</h2>

市工字第　　号

（中华民国三十二年二月二十五日）

案查前准贵部公函，以钟楼警报杆改作升旗杆工料费四千一百六十五元，嘱由本处拨发一节，当经饬请核示并函复各在案。兹奉陕西省政府本年二月十六日府财三县字第532号代电开："西安市政处黄处长①：据本年一月二十二日市工字第301号呈，为准西安警备司令部函以钟楼上警报杆改作升旗杆，共计需费肆仟壹佰陆拾伍元，请由该处拨付一案。兹拟由城楼工程余款项下支给，并将原附警察局单据退还，以便换据报销。是否有当，请核示。等情。查核所拟各节尚无不合，应准照办，兹将原附单据发还，仰即查照。陕西省政府。府财三县。计发还单据四纸。"等因。奉此，除关上项升旗杆改作工料已另文呈请陕西省政府派员验收，以符规定外，相应检同原单据四纸，随函送请贵部查收转饬具领，并饬于领款时将该局原单据换为本处发单，以便拨付。

此致

西安警备司令部

<h2 style="text-align:center">第七节　修筑钟楼旧坑道</h2>

民国时期，在钟楼有军队驻扎。1941年（民国三十年）以前，在钟楼基座东北

---

① 即黄觉非。

部掘有坑道。1944 年市政处工务局勘察坑道尺寸，最后确定坑道与相邻檐柱、钻金柱尚有距离，不妨碍楼体稳定，所以只将坑道用土填实。

西安警备司令部为修筑钟楼旧坑道致省主席祝绍周代电

参字第 205 号

（中华民国三十三年四月五日）

　　陕西省政府主席祝①钧鉴：案查西安钟楼据点工事，经奉前主席熊副长官胡令拨工费构筑，刻已竣工。惟东北楼墩约在民国三十年以前，不知系何部队机关自北而南而东沿墩缘砌砖，部份掘有坑道，至少在二十五公尺以上，并未被覆。查钟楼形式高大，楼墩荷重尤巨，历时既久，危险堪虞。为保存古物起见，拟利用北端十公尺之土坑道筑成砖砌穹窿式坑道，以为登楼之通路；其南端及向东之一段适在楼柱位置，似应每隔一公尺用砖作柱以撑其顶，并用土填实，而期坚固。此项构筑计划如附图说，倘蒙采纳，乞饬西京市政处构筑，本部当尽力协助之。谨电特陈，敬祈鉴核。西安警备司令文朝籍。卯微。参印。附图说一纸。

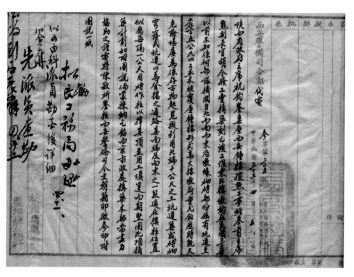

---

① 即祝绍周。

市政处工务局为查勘钟楼旧坑道情形呈市政处文

工工字第 433 号

（中华民国三十三年四月二十日）

案奉钧处交下西安警备司令部参字第二零五号代电，内开："陕西省政府主席祝①钧鉴：案查西安钟楼据点工事，经奉前主席熊副长官胡令拨工费构筑，刻已竣工。惟东北楼墩约在民国三十年以前，不知系何部队机关自北而南而东沿墩缘砌砖，部份掘有坑道，至少在二十五公尺以上，并未被覆。查钟楼形式高大，楼墩荷重尤巨，历时既久，危险堪虞。为保存古物起见，拟利用北端十公尺之上坑道筑成砖砌穹窿式坑道，以为登楼之通路；其南端及向东之一段适在楼柱位置，似应每隔一公尺用砖作柱以撑其顶，并用土填实，而期坚固。此项构筑计划如附图说，倘蒙采纳，乞饬西京市政处构筑，本部当尽力协助之。谨电特陈，敬祈鉴核。"等因，附图说一纸。奉此，遵派本局技士朱观会前往查勘拟办，兹据签称："奉派勘查再修钟楼旧掘坑道一案，遵即前往。经查该楼东北角上楼台级处卫兵室南墙上有洞口一处，一直向南深约十三公尺，再转向东深约八公尺，宽七十公分，高一公尺七寸坑道一段。该坑道离钟楼北面东边及东面北边之檐柱及钻金柱各基脚尚有一公尺五寸，似与各柱脚无甚妨碍，拟将该坑道用土填实。至利用已成坑道（由入口向南十公尺）一段，用砖砌共作为登楼通路一节，查北面既有上楼台级之设备，似无再作通路之需要。谨将勘查情形所拟办法，理合签请核夺。"等情。据此，经核所拟尚妥，至用土填塞坑道，拟仍转交与据点工事并办。是否有当，理合具文，请鉴核示遵。

谨呈

西安市政处处长　庄②

西安市政处工务局局长　刘政因

---

① 即祝绍周；

② 即庄智焕。

省政府为修筑钟楼旧坑道一案复西安警备司令部代电

府市工字第 0060 号

（中华民国三十三年五月五日）

西安警备司令部公鉴：案准贵部本年四月五日参字第二〇五号代电，以拟构筑钟楼旧坑道及利用坑道作登楼通路，嘱转饬市政处修筑一案，经饬据该处工务局呈："以据朱技士观会查勘后签称：'奉派勘查再修钟楼旧掘坑道一案，遵即前往。经查该楼东北角上楼台级处卫兵室南墙上有洞口一处，一直向南深约十三公尺，再转向东深约八公尺，宽七十公分，高一公尺七寸坑道一段。该坑道离钟楼北面东边及东面北边之檐柱及钻金柱各基脚尚有一公尺五寸，似与各柱脚无甚妨碍，拟将该坑道用土填实。至利用已成坑道（由入口向南十公尺）一段，用砖砌共作为登楼通路一节，查北面既有上楼台级之设备，似无再作通路之需要。谨将勘查情形及所拟办法，理合签请核夺。'等情。经核所拟当妥，至用土填塞坑道，拟请转饬与该楼据点工事并案办理。可否，祈核示。"等情。据此，经核所拟当无不合，自应照办，除令饬知照外，相应检同原附图说，复请查照办理为荷。陕西省政府。府市工。辰（微——编者）。印。附送还图说一纸。

第八节　修筑钟楼新据点工事

1944 年，西安警备司令部想利用西安钟楼穿堂门与原有掩体坑道，堵塞后可形成新的据点工事。所查到的档案内容为此事所需费用的公文往来。

西安警备司令部为核销修筑堵塞钟楼据点工事
所用材料费给省主席祝绍周代电

需字第 0196 号

（中华民国三十三年五月十二日）

陕西省政府主席祝①钧鉴：查堵塞西安钟楼穿堂门与原筑之掩体坑道形成据点工事，迭经造具预算呈奉钧座，令由西京市政处拨发工费，遵于二月下旬开工，至三月中旬完成，并蒙派员于三月三十一日丈量验收各在案。所用材料除由新城工事节余项下拨用一部外，计开工料资壹拾万零伍仟肆佰柒拾伍元。理合缮造计算书，并检据连同收支对照表、丈验登记表、实用工料数量表，随电附呈，敬祈核销示遵为祷。西安警备司令文朝籍。辰真。需。印。

附计算书一件、单据粘呈册（共八号）一件、丈验登记表一件、实用工料数量表一件（佚——编者）。

---

① 即祝绍周。

省政府为修筑堵塞钟楼据点工事所用材料费致陕西省审计处公函

府市会字第 25 号

（中华民国三十三年六月十四日）

　　案据西安警备司令部需字第一九六号辰真代电，呈赍该部修筑堵塞西安钟楼穿堂门及原筑之掩体坑道形成据点工事计算表类，请核销。等情。查此项工程所用材料除由新城工事节余项下拨用一部份外，计支工料费壹拾万零五千四百七十五元，业经核准，饬由西安市政处第二预备金项下拨支在案。据电前情，相应检同原赍各件，函请查核为荷。

　　此致

审计部陕西省审计处

　　附：支出计算表、单据粘存簿、丈验登记表及实用工料数量表各乙件（佚——编者）。

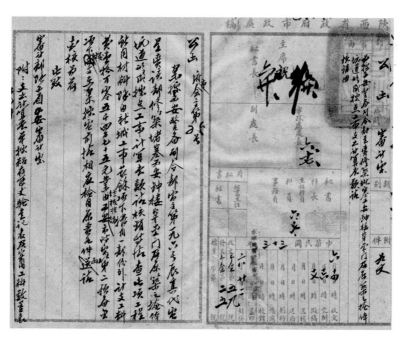

第九节　将钟楼定为青年馆馆址并进行维修

　　1946 年（民国三十五年），西安市市长陆翰芹，委员杨尔瑛因钟楼年久失修，残破污损，为了保存古迹，并加以利用，向省主席请求对钟楼进行维修，并将钟楼做为西安青年馆的永久馆址，达到教育青年的目的。最终获准，迁出钟楼驻军，修葺钟楼。

市长陆翰芹、委员杨尔瑛为将钟楼定为青年馆馆址
给省主席祝绍周的签呈

（中华民国三十五年三月十二日）

　　查本市钟楼年久失修，已频残破，亟宜澈〔彻〕底整修，用壮市容，以保古迹，并宜设法利用，籍垂永世盛迹。西安青年馆迭经中央明令催促从速设立，惟以无适当馆址迄未定议，兹拟趁修葺钟楼之际，将该地建筑略施布置，定为西安青年馆永久馆址，以作本市各阶层青年游憩进修之地，并用以教育青年，号召青年以达成潜移默化领导团结之目的。际兹政治形势转变前夕，允宜从速兴建，完成积年未竟之功，以造福青年兴利地方。可否之处，幸请卓裁。

　　谨呈

主席　祝①

市　长　陆翰芹

委　员　杨尔瑛

---

① 即祝绍周。

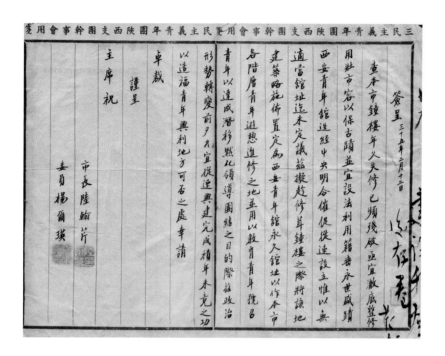

市政府、三青团陕西支团驻事会为将钟楼定为青年馆馆址一案致西安警备司令部代电

市建字第283号

（中华民国三十五年三月三十日）

　　西安警备司令部公鉴：案奉陕西省政府主席祝①交下委员杨尔瑛、本府市长陆翰芹三十五年三月十二日签呈："以本市钟楼年久失修，已频残破，亟宜澈〔彻〕底整修，用壮市容，以保古迹，并宜设法利用籍垂永世盛迹。西安青年馆送经中央明令催促从速设立，惟以无适当馆址迄未定议。兹拟趁修葺钟楼之际，将该地建筑略施布置，定为西安青年馆永久馆址，以作本市各阶层青年游憩进修之地，并用以教育青年，号召青年以达成潜移默化领导团结之目的。际兹政治形势转变前夕，允宜从速兴建，完成积年未竟之功，以造福青年兴利地方。"等情。批示："照准，饬

---

① 即祝绍周。

即办理。"等因。奉此，拟即开始修葺，相应电请查照转饬该楼驻防军队迁让，并希见复为荷。西 安 市 政 府 三民主义青年团陕西支团驻事会 寅（陷——编者）。市建。印。

第十节 其他基础建设工程

1. 修筑钟楼四周路面

1935 年（民国二十四年），西京市政建设委员会向省建设厅提出整修钟楼的计划，计划中提出：需要迁出钟楼驻军，然后修葺钟楼；整修钟楼四周马路；通过车马定为单行线。因当时钟楼驻军归西安绥靖公署管辖，西京市政建设委员会与其磋商迁出驻军一事，但因当时须维持全城治安，军事需要迫切，难以迁出驻军，所以对钟楼本体的修葺一直搁置下来，对四周马路先行修整。查阅档案，内容显示完成了整修钟楼的设计图，对周围马路的整修顺利开展。

1942 年，市政处工务局又对钟楼四周碎石路进行了翻修。1943 年，市政处又加铺了钟楼四周各街巷交点处的碎石路。

西京建委会为转饬市政工程处办理整修钟楼决议案致省建设厅公函

市字第 120 号

（中华民国二十四年四月二十三日）

案查本会第十六次会议，沈专门委员诚、刘科长祝君、李处长仲蕃报告计划修建钟楼一案，当经决议："（一）该楼所驻军队由马局长志超负责接洽，限期迁移；（二）驻军迁移后计划修葺；（三）四围路宽仍旧，路面由市政工程处负责修筑平坦；（四）通过车马定为单行线，由公安局严厉执行。"等因。除另函公安局查照外，相应录案函达，即希转饬市政工程处遵照为荷。

此致

陕西省建设厅

省建设厅为办理整修钟楼决议案给市政工程处处长的训令

第 795 号

（中华民国二十四年五月一日）

令西安市政工程处处长李仲蕃

案准西京市政建设委员会市字第一二零号公函内开："案查本会第十六次会议，沈专门委员诚、刘科长祝君、李处长仲蕃报告计划修建钟楼一案，当经决议：'（一）该楼所驻军队由马局长志超负责接洽，限期迁移；（二）驻军迁移后计划修茸；（三）四围路宽仍旧，路面由市政工程处负责修筑平坦；（四）通过车马定为单行线，由公安局严厉执行。'等因。除另函公安局查照外，相应录案函达，即希转饬市政工程处遵照为荷。此致。"等由。准此，除函复外，合行令仰该处遵照办理，仍将办理情形具报为要。

此令

雷宝华

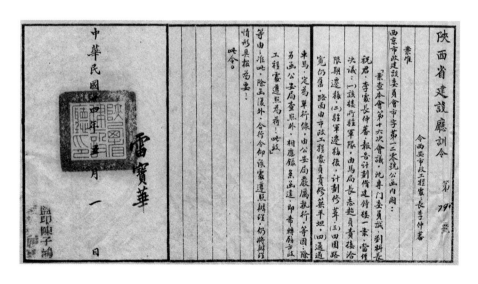

省建设厅为整修钟楼决议案复西京建委会公函

第 243 号

（中华民国二十四年五月一日）

案准贵会市字第一二零号公函略开："计划修理钟楼决议案，请转饬市政工程处遵照。"等由。准此，除令饬市政工程处遵照外，相应函复，即希查照为荷。

此致

西京市政建设委员会

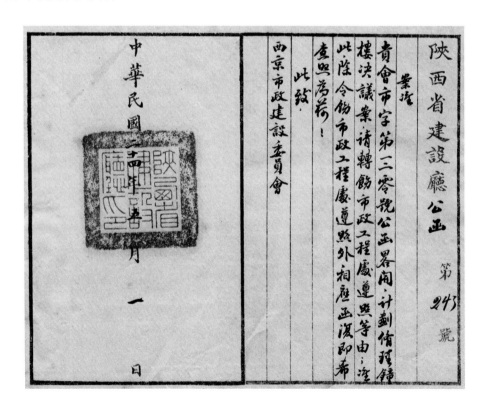

西京建委会为钟楼驻军限期迁移一案致省会公安局等公函①

市字第 132 号

（中华民国二十四年五月二日）

案查本会第十七次会议，马局长志超报告接洽钟楼驻军限期迁移一案，决议："（一）由夏代委员述虞、马局长志超即日负责接洽；（二）由沈专门委员诚、李处长仲蕃计划修理；（三）该楼定为本会会址。"等因。除另函沈专门委员、李处长、夏代委员述虞查照外，相应录案函达，即请查照，于该驻军迁移时迅即通知本会，以便接收查照为荷。

此致
马专门委员志超②

西京市政建设委员会（章）

市政工程处为奉令办理整修钟楼一案情形呈省建设厅文

（中华民国二十四年五月七日）

案奉钧厅第七九五号训令节开："准西京市政建设委员会函，计划修建钟楼决议案，仰即遵照办理具报。"等因。奉此，遵即饬课将修筑四周马路预算，即日计划妥协，俟下次会议将该项预算提请公决外，余俟驻军迁移后再行计划修茸。所有遵办情形，理合先行呈复，仰祈鉴核备查，实为公便！

谨呈

---

① 西京市政建设委员会同时致函西安绥靖公署、西安高级中学，西安市政工程处等；
② 马志超时任陕西省会公安局局长。

陕西省建设厅厅长　　雷①

西安市政工程处处长　　李仲蕃

市政工程处为克日兴工修筑钟楼四周马路工程致天成公司函

（中华民国二十四年五月十三日）

　　查关于修筑钟楼四周马路工程一案，现经西京市政建设委员会第十八次会议通过，交由天成公司，按照西大街马路标价兴修纪录在卷。现定西大街完工后开工，所有关于一切施工程序，均应依照该西大街马路合同所列各条办理。相应录案函达，即请查照办理，克日兴工为要。

　　此致
天成建筑公司

---

① 即雷宝华。

省建设厅为整修钟楼一案准予备查给市政工程处的指令

第 1714 号

（中华民国二十四年五月十七日）

令西安市政工程处

呈一件，呈复奉令办理修建钟楼一案情形，请备查由。

呈悉。准予备查，除函西京市政建设委员会查照外，仰即知照。此令。

雷宝华

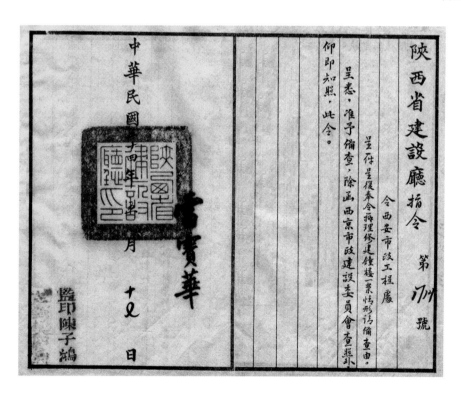

西京建委会为修筑钟楼四周马路一案致省建设厅公函

市字第 160 号

（中华民国二十四年五月十八日）

案查本会第十八次会议，雷委员宝华报告：钟楼四周马路，制就平面计画图，马路宽度八公尺，人行道二公尺，预算需洋三仟八佰九十三元零七分。兹照天成建筑公司投标，单价为三仟七百六十三元二角七分，拟仍由该公司建筑一案。当经决议："通过。"等因。相应录案函达，即请查照为荷。此致
陕西省建设厅

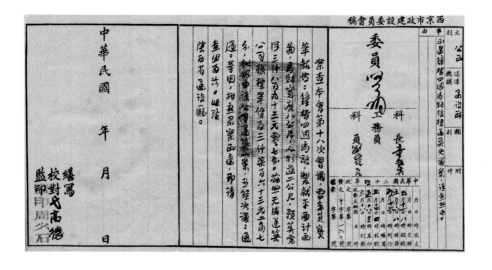

省建设厅为整修钟楼一案办理情形致西京建委会公函

第 284 号

（中华民国二十四年五月十八日）

案据西安市政工程处呈称："案奉钧厅第七九五号训令节开：'准西京市政建设委员会函，计划修建钟楼决议案，仰即遵照办理为要具报。'等因。奉此，遵即饬课将修筑四周马路预算，即日计划妥协，俟下次会议将该项预算提请公决外，余俟驻军迁移后再行计划修葺。所有遵办情形，理合先行呈复，仰祈鉴核备查，实为公便。谨呈。"等情。据此，除指令准予备查外，相应函请查照为荷。此致
西京市政建设委员会

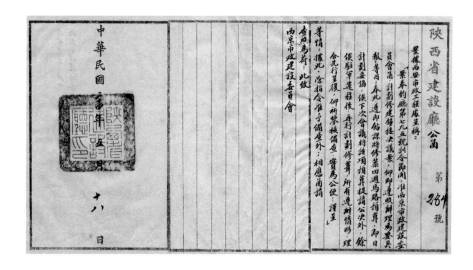

西安绥靖公署为钟楼驻军尚难迁移复西京建委会公函

参（一）字第 1089 号

（中华民国二十四年五月二十日）

案准贵会市字第一五二号公函开："案查本会第十八次会议，夏代委员述虞、马局长志超报告接洽钟楼驻军迁移一案，决议：'（一）函请建设厅转饬市政工程处即日计划修理，并将该楼二层平面及侧面图绘就，会同沈专门委员诚详加设计；（二）函请绥靖公署令饬该楼驻军于修理时加意协助，并请该署于可能范围内早日设法迁移，以利会务。'等因。相应录案函达，即请贵署查照，转饬遵办，俾利市政，至纫公谊。"等由。准此，除令驻军于修理时加意协助外，至迁移一层，查本署派兵驻守钟楼，原为维持全城治安，目前军事犹殷，尚难早日迁移，相应函复，即希查照为荷。

此复

西京市政建设委员会

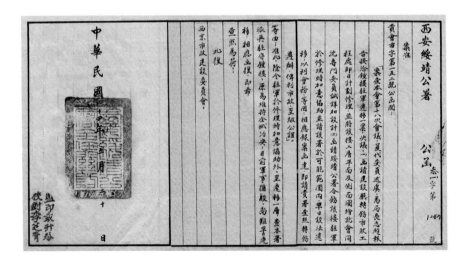

省建设厅为办理接洽钟楼驻军迁移一案给市政工程处处长的训令

第 927 号

（中华民国二十四年五月二十四日）

令西安市政工程处处长李仲蕃

案准西京市政建设委员会市字第一五二号公函内开："案查本会第十八次会议，夏代委员述虞、马局长志超报告接洽钟楼驻军迁移一案，决议：'（一）函请建设厅转饬市政工程处，即日计划修理，并将该楼二层平面及侧面图绘就，会同沈专门委员诚详加设计；（二）函请绥靖公署令饬该楼驻军于修理时加意协助，并请该署于可能范围内早日设法迁移，以利会务。'等因。相应录案函达，即请转饬市政工程处遵照办理为荷。此致。"等因。准此，合行令仰该处遵照办理为要。

此令

雷宝华

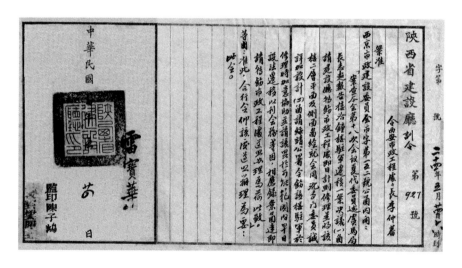

西京建委会为先修钟楼四周街道致省建设厅公函

市字第 182 号

（中华民国二十四年五月二十七日）

案准西安绥靖公署函复："准本会函请令饬钟楼驻军于修理该楼时加以协助，并早日设法迁移一案，除令修理时加意协助外，至驻钟楼守兵，因维持全城治安，尚难早日迁移。"等由到会。当经本会第二十次会议决议："先行修理钟楼四周街道。"等因。相应录案函达，即请查照为荷。此致

陕西省建设厅

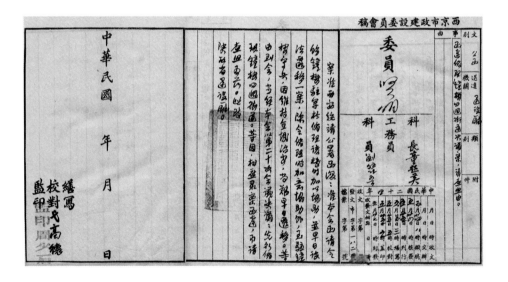

省建设厅为办理修筑钟楼四周马路一案给市政工程处的训令

第 970 号

（中华民国二十四年五月二十九日）

令西安市政工程处

案准西京市政建设委员会函开："案查本会第十八次会议，雷委员宝华报告，钟楼四周马路，制就平面计划图，马路宽度八公尺，人行道二公尺，预算需洋叁仟捌佰九拾叁元零七分。兹照天成建筑公司投标单价为叁仟柒佰陆拾叁元贰角七分，拟仍由该公司建筑一案。当经决议：'通过'。等因。相应录案函达，即请查照为荷。此致。"等由。准此，合行令仰该处，查照办理为要。

此令

雷宝华

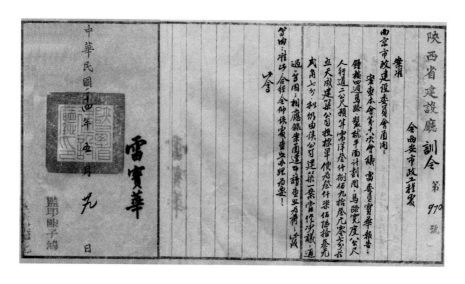

市政工程处为整修钟楼一案俟各图案设计完毕办理呈省建设厅文

字第 141 号

（中华民国二十四年六月一日）

　　案奉钧厅第九二七号训令略开："以准西京市政建设委员会函达迁移钟楼驻军，并计划修理钟楼议决案，请转饬遵照等由，令仰遵照。"等因。奉此，查关于钟楼平侧各面图案早已绘就，并已送交沈专门委员诚设计，应俟设计完毕后，始能计划修理。奉令前因，理合先行照案呈复，祗请钧厅鉴核备案。

　　谨呈

陕西省建设厅厅长　雷①

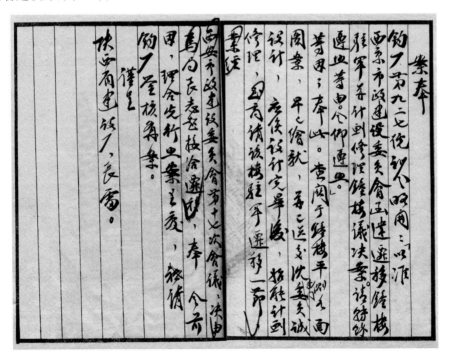

省建设厅为先修钟楼四周街道给市政工程处处长的训令

第 1003 号

（中华民国二十四年六月四日）

令西安市政工程处处长李仲蕃

案准西京市政建设委员会市字第一八二号公函内开："案准西安绥靖公署函复：'准本会函请令饬钟楼驻军于修理该楼时加以协助，并早日设法迁移一案，除令修理时加意协助外，至驻钟楼守兵，因维持全城治安，尚难早日迁移。'等由到会。当经本会第二十次会议决议：'先行修理钟楼四周街道。'等因。相应录案函达，即请查照为荷。此致。"等由。准此，合行令仰该处查照办理为要。

此令

雷宝华

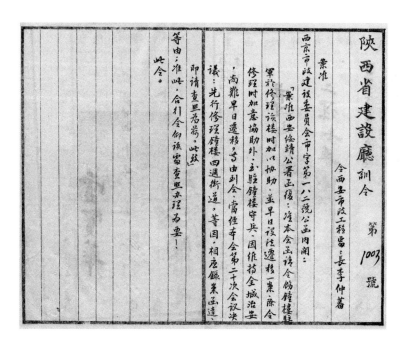

省建设厅为整修钟楼一案俟各图案设计完毕办理致西京建委会公函

第 334 号

（中华民国二十四年六月十日）

案据西安市政工程处呈报："案奉钧厅第九二七号训令略开：'以准西京市政建设委员会函达迁移钟楼驻军，并计划修理钟楼议决案，请转饬遵照等由，令仰遵照。'等因。奉此，查关于钟楼平侧各面图案早已绘就，并已送交沈专门委员诚设计，应俟设计完毕后，始能计划修理。奉令前因，理合先行照案呈复，祗请钧厅鉴核备案。谨呈。"等情。据此，除指令外，相应函达，即希查照为荷。

此致
西京市政建设委员会

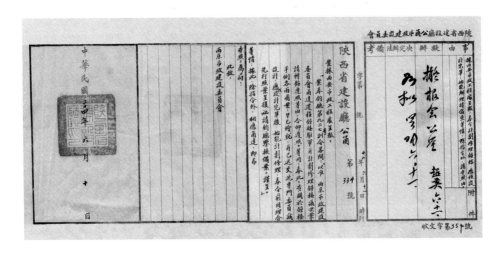

西京建委会为先修钟楼四周马路复省建设厅公函

市字第 257 号

（中华民国二十四年六月十四日）

　　案准贵厅函达："据西安市政工程处呈报：'奉令计画修理钟楼平侧各面图案早已绘就，并已送交沈专门委员诚设计，应俟设计完毕，始能修理。'等情，函请查照。"等由到会，请公鉴一案，当经本会第二十三次会议决议："案经设计，照上次决议，先修钟楼四周马路。"等因，相应录案函达，即请查照为荷。此致
陕西省建设厅

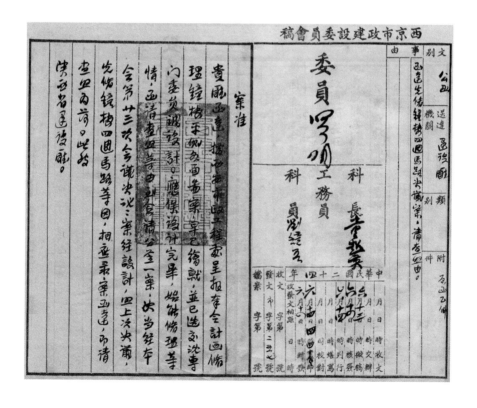

省建设厅为修筑钟楼四周马路工程图样及
开工日期给市政工程处的训令

第 1147 号

（中华民国二十四年六月二十五日）

令西安市政工程处

案准西京市政建设委员会函开："案准贵厅函达，据西安市政工程处呈报，奉令计划修理钟楼平侧各面图案，早已绘就，并已送交沈专门委员诚设计，应俟设计完毕，始能修理等情，函请查照等由到会，请公鉴一案，当经本会第二十三次会议决议：'业经设计，照上次决议，先修钟楼四周马路。'等因。相应录案函达，即请查照为荷。此致。"等由。准此，合行令仰该处，即便查照办理，并将设计图幅及开工日期具报备查。

此令

雷宝华

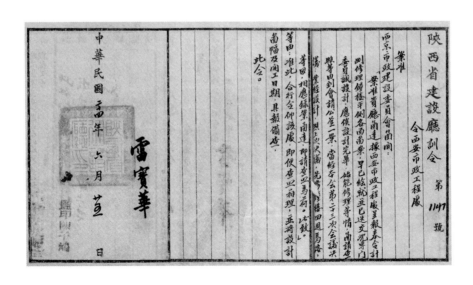

天成公司为修筑钟楼四周马路工程开工日期呈市政工程处文

（中华民国二十四年六月二十五日）

　　呈。为呈报钟楼四周马路于六月贰拾六日开工事。

　　窃奉钧处通知略开："钟楼四周马路工程已经西京市建设委员会第十八次会议通过，交由敝公司按西大街马路标价兴修，定于西大街马路完工后开工。"等因。奉此，查西大街马路工程已于六月贰拾五日完工，遵将钟楼四周马路工程于六月贰拾六日开工，理合具文呈报鉴核。

　　谨呈

　处长　李①

　　　　　　　　　　　　　　天成建筑公司（章）　　谨呈

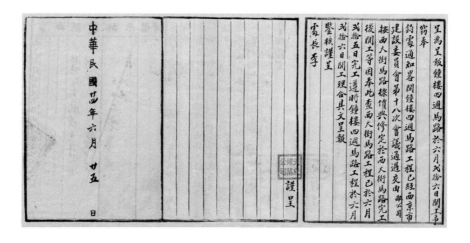

---

① 即李仲蕃。

市政工程处为修筑钟楼四周马路工程开工日期及
报送马路平面图呈省建设厅文

字第 206 号

（中华民国二十四年七月六日）

查钟楼四周马路工程，前经西京市政建设委员会第十八次会议通过，照本处预算三八九三·〇七元价格，交由天成建筑公司，按照西大街马路投标单价兴修在案。当经绘制平面设计图，发交该公司照图成做，已于六月二十六日正式开工。理合将开工日期，并备具上项图样三份，一并备文呈赍，祗请钧厅鉴核，分别存转，实为公便。

　　谨呈

陕西省建设厅厅长　雷①

　　附呈送马路平面图三份。

附　钟楼什字四周马路改修平面图

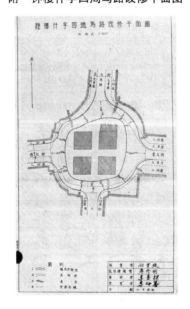

------

① 即雷宝华。

省建设厅为修筑钟楼四周马路工程开工情形及赍送马路平面图致西京建委会公函

第 429 号

（中华民国二十四年七月十五日）

　　案据西安市政工程处处长李仲蕃呈称："查钟楼四周马路工程，前经西京市政建设委员会第十八次会议通过，照本处预算叁捌玖叁·零柒元价格，交由天成建筑公司，按照西大街马路投标单价兴修在案。当经绘制平面设计图，发交该公司照图承做，已于六月二十六日正式开工。理合将开工日期，并备具上项图样三份，一并备文呈赍，祇请钧厅鉴核，分别存转，实为公便。谨呈"等情，附呈马路平面图三份。据此，除检同原图呈请省政府鉴核备查并指令外，相应检同马路平面图一份，函请贵会查照，并希见复为荷。

　　此致

西京市政建设委员会

　　附函送马路平面图一份（略——编者）。

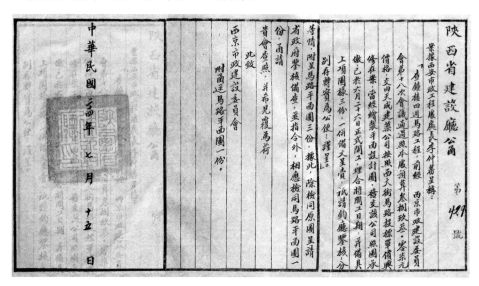

西京建委会为钟楼四周马路平面图已收讫复省建设厅公函

字第 356 号

（中华民国二十四年七月十八日）

案准贵厅第四二九号公函略开："据西安市政工程处呈称：'钟楼四周马路工程，已于六月二十六日正式开工，并赍送马路图样，请分别存转。'等情。检送原图一份，函请查照见复。"等由。准此，查该马路平面图一份，兹已收讫，相应函处，即请查照为荷。

此致

陕西省建设厅

天成公司为修筑钟楼四周马路工程竣工日期呈市政工程处文

（中华民国二十四年七月二十日）

呈。为呈报钟楼四周马路竣工日期事。窃敝公司奉令节开："钟楼四周马路按西大街单价承做。"等因。奉此，遵于六月二十六日开工，俟因天雨屡做屡停，兹于七月十七日业已竣工，理合具文呈报鉴核备案。谨呈

市政工程处处长　李[①]

天成建筑公司（章）　谨呈

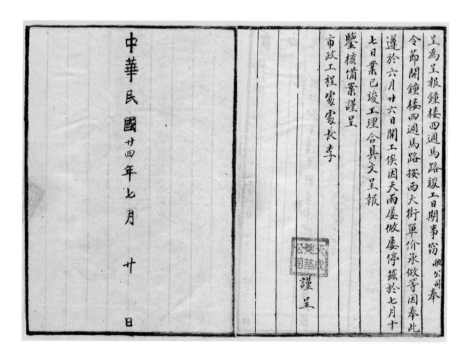

_____

① 即李仲蕃。

市政工程处为请派员验收修筑钟楼四周马路工程呈省建设厅文

字第 241 号

（中华民国二十四年八月三日）

　　案查修筑钟楼四周碎石马路工程，所有招标情形及开工日期，业经先后呈报钧厅鉴核备查各在案。兹据天成公司报称："该项工程已于七月十七日全部竣工。"等情。据此，理合报请钧厅鉴核，俯赐派员验收，并祈转函西京建委会沈专门委员诚会同前往验收，俾资结束，实为公便。

　　谨呈

陕西省建设厅厅长　雷①

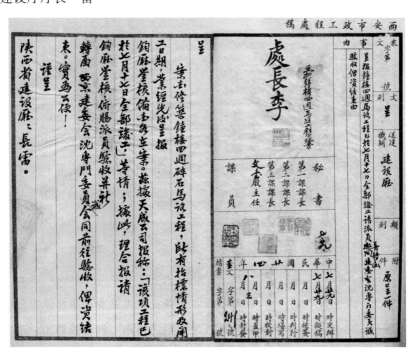

---

① 即雷宝华。

省建设厅厅长雷宝华为验收修筑钟楼四周马路工程
给市政工程处的手谕

工字第7号

（中华民国二十四年八月七日）

谕西安市政工程处

案据该处呈报："奉令修筑钟楼四周马路工程，已于七月十七日完竣，请派员验收。"等情，附设计图、施工细则各一份。据此，除派本厅技正杨世任克日前往会同该处监修工程师 暨建筑工程师沈诚验收外，仰即知照，并转饬遵照。此谕

厅长　雷宝华

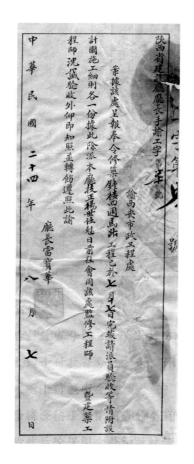

西京建委会为钟楼四周马路旁人行道宽度决议案致省建设厅公函

市字第 452 号

（中华民国二十四年八月二十一日）

  案查本会第三十二次会议，雷[①]委员报告：查钟楼四周马路，前经报告本会，路面宽八公尺，人行道宽两公尺半（照西大街人行道宽度），现路面宽度平均为十一公尺〇四，人行道则宽窄不等，该处建筑市房发给执照时，是否祗须饬令让足人行道宽度二·五公尺，抑该处马路另须规定等级之处，请公鉴一案。当经决议："依各马路原有宽度二·五公尺，原案拆让人行道。"等因。相应录案函达，即请查照为荷。此致
陕西省建设厅

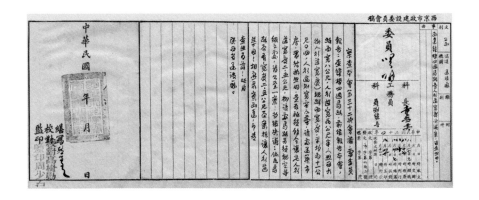

[①] 即雷宝华。

西京建委会为修筑钟楼四周马路工程超预算开支及拆让房屋宽度致省建设厅公函

市字第 473 号

（中华民国二十四年八月二十八日）

案查本会第三十三次会议，雷①委员报告：查钟楼四周马路业已工竣多日，并经建设厅派员会同沈专门委员诚验收完毕。原定该处马路宽度为八公尺，继以地形关系，平均实做为一一·〇四公尺，故超出原预算三九九·七九元，当验收时，曾陈明各验收委员在案，兹拟将超出原预算数在西大街节余项下开支，请公鉴一案。当经决议："照支。惟钟楼四周各街角转角处拆让房屋宽度，应照各街规定宽度为标准。"等因。相应录案函达，即请查照为荷。

此致

陕西省建设厅

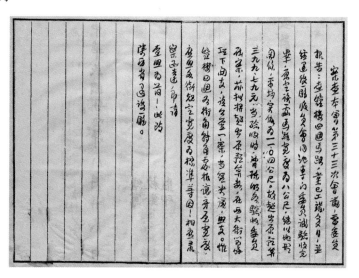

---

① 即雷宝华。

省建设厅为验收修筑钟楼四周马路工程事致西京建委会公函

第 516 号

（中华民国二十四年九月三日）

案查前据西安市政工程处呈报，钟楼四周马路工程全部竣工，请派员验收一案，当经委派本厅技正杨世任，并函约贵会专门委员沈诚及该处总监工张羽甫等会同验收去后，兹据本厅技正杨世任签呈称："案奉厅座手谕工字第七号内开：'据西安市政工程处呈报，修筑钟楼四周马路工程完竣，请派员验收等情。饬会同沈专门委员及该处监修工程师前往验收。'等因，附发平面设计图一纸。奉此，遵即会同沈委员诚及总监工张羽甫及承修人天成公司吴毓才前往工地，按改正施工图分四面丈量，八处均与图注尺度相符，惟原设计图于施工时，因路幅稍窄，由市政工程处临时改正，合并陈明。除照填验收证明书外，理合将验收情形，签请钧座鉴核施行。谨呈。"等情。附原图及改正施工图、验收证明书各一份。据此，除将三、四两联证明书，令发市政工程处遵照外，相应检同第二联证明书及改正施工图函送贵会，即希查照，至纫公谊。此致

西京市政建设委员会

附函送第二联证明书、改正图各乙纸。

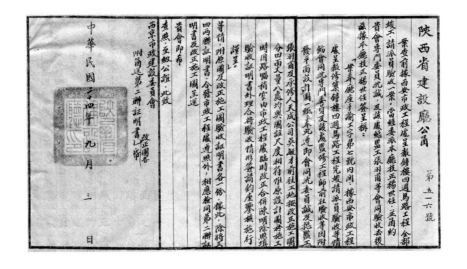

附 验收证明

省建设厅为验收修筑钟楼四周马路工程事给市政工程处的训令

第 1571 号

（中华民国二十四年九月三日）

令西安市政工程处

案查前据该处呈报，钟楼四周马路工程全部完竣，请派员验收一案，当经委派本厅技正杨世任，并函约西京市政建设委员会专门委员沈诚及该处总监工张羽甫等会同验收去后，兹据本厅技正杨世任签呈称："案奉厅座手谕工字第七号内开：'据西安市政工程处呈报，修筑钟楼四周马路工程完竣，请派员验收等情。饬会同沈专门委员及该处监修工程师前往验收。'等因，附发平面设计图一纸。奉此，遵即会同沈委员诚及总监工张羽甫及承修人天成公司吴毓才前往工地，按改正施工图分四面丈量，八处均与图注尺度相符，惟原设计图于施工时，因路幅稍窄，由市政工程处临时改正。合并陈明，除照填验收证明书外，理合将验收情形，签请钧座鉴核施行。谨呈。"等情，附原图及改正施工图、验收证明书各一份。据此，除将第二联证明书及改正图函送西京市政建设委员会查照外，合行检发验收证明三、四两联，令仰该处遵照办理。此令

计检发三、四两联验收证明书一纸（略——编者）。

雷宝华

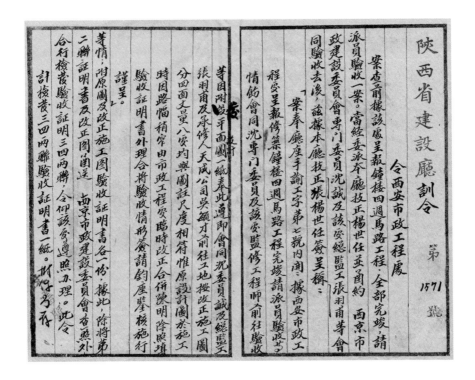

省建设厅为修筑钟楼四周马路工程超预算开支及拆让房屋
宽度给市政工程处的训令

第 1608 号

（中华民国二十四年九月七日）

令西安市政工程处

案准西京市政建设委员会函开："案查本会第三十三次会议，雷①委员报告：查钟楼四周马路业已工竣多日，并经建设厅派员会同沈专门委员诚验收完毕，原定该处马路宽度为八公尺，继以地形关系，平均实做为一一·〇四公尺，故超出原预算三九九·七九元，当验收时，曾陈明各验收委员在案，兹拟将超出原预算数，在西大街节余项下开支，请公鉴一案。当经决议：'照支，惟钟楼四周各街角转角处拆让房屋宽度，应照各街规定宽度为标准。'等因。相应录案函达，即请查照为荷。此致"等由。准此，合行令仰该处，即便遵照办理，仍报备查为要。

此令

雷宝华

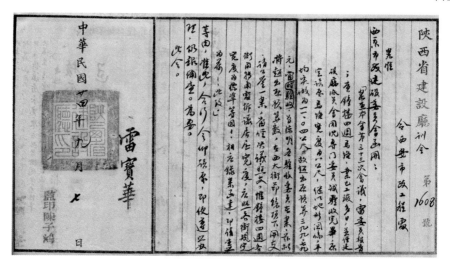

市政工程处为核备修筑钟楼四周马路工程超预算开支
及拆让房屋宽度呈省建设厅文

字第 331 号

（中华民国二十四年九月十六日）

　　案奉钧厅一六〇八号训令略开："准西京市建委会函达钟楼四周马路超出预算，由西大街节余项下开支；该楼四周各街角转角拆让房屋宽度，应照各街规定为标准决议案等因一案。令仰遵办，并报备查。"等因。奉此，除遵照办理外，理合呈复钧厅鉴核备查。

　　谨呈

陕西省建设厅厅长　雷①

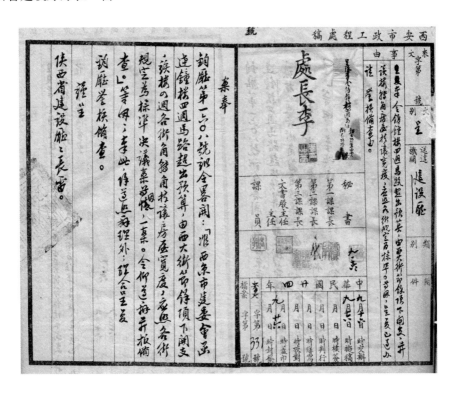

---

①　即雷宝华。

省建设厅为验收修筑钟楼四周马路工程事给市政工程处的指令

第 1711 号

（中华民国二十四年九月二十三日）

令西安市政工程处

案查前据该处呈报，承修钟楼四周马路工程完竣，请派员验收等情。当经派员验收，并将验收情形呈报省政府备查在案。兹奉第九二一九号指令内开："呈悉。准予备查，仰即知照。此令。"等因。奉此，合行令仰该处知照。

此令

雷宝华

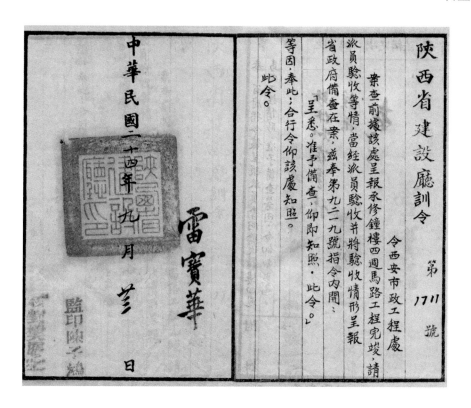

省建设厅为速派员查勘钟楼估计整修工费给市政工程处的训令

第 1074 号

（中华民国二十五年六月二十日）

令西安市政工程处

案奉省政府六月十日第四四三三号训令内开："案准西安绥靖公署二十五年六月四日副字第九号咨开：'案据本署卫士营营长金闽生呈称："窃查钟楼为西安名胜古迹之一，地居本市中心，目标特别明显，中外人士来陕游历者无不注意及此。惟该楼因年久失修，外面栏杆诸多破烂。职营第四连驻扎于此，本应雇工修葺，以壮观瞻。惟以财力有限，未便动工，拟请转咨主管机关，从速修理，以光胜迹。"等情。据此，当经派员调查，确有修葺必要，相应咨请查核办理为荷。'等因。准此，自应照办，除咨复外，合行令仰该厅遵照，刻速派员前往查勘，估计修筑工费，呈候察夺。此令。"等因。奉此，合行令仰该处即便遵照，迅速派员详查估计，刻日呈复，以凭核转为要。

此令

雷宝华

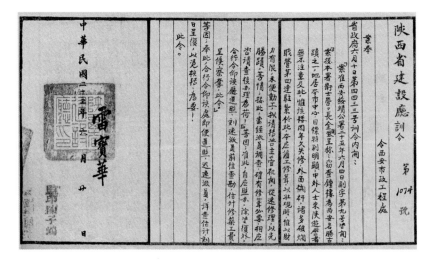

市政工程处为整修钟楼一案呈省建设厅文

字第 362 号

（中华民国二十五年六月二十七日）

案奉钧厅本年六月二十日第一零七四号训令，"以奉省政府令，转准西安绥靖公署咨嘱修葺本市钟楼，令查勘估计呈复等因，仰派员详查估计，呈复凭核。"等因。奉此，查此案前奉钧厅二十四年五月一日第七九五号训令饬办到处，当经以俟驻军迁移，再行计划修葺等情，呈复备查。嗣奉同年五月二十四日第九二七号训令，以"准西京市政建设委员会函达迁移钟楼驻军，并计划修理钟楼决议案。"等因，饬遵到处，复经绘具钟楼平侧各面草图，遵请沈专门委员诚设计，并呈复备查，旋经先后奉到钧厅指令，准予备查各在案。嗣以楼上驻军迄未迁移，且未奉建委会令知，故迟迟至今。兹奉前因，除一面派员，一再为详勘估计另案呈报外，理合先行查案呈复，祗请鉴核呈转。

谨呈

陕西省建设厅厅长　雷①

西安市政工程处处长　李仲蕃

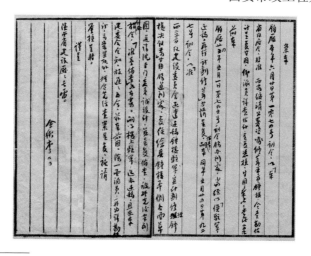

① 即雷宝华。

市政处工务局为核发翻修钟楼四周等碎石路工程第一期工款
给该处的呈文

工工字第 182 号

（中华民国三十一年五月二十一日）

　　查翻修西大街、南大街及钟楼四周碎石路工程，于本月十五日开标后，当场选定保留中兴等九家，曾将开标纪录呈送在案。复于是日下午经各监标委员会同详审，结果以各家标单内容多有未合，决定依照现时情形另拟一合理价格，如附表，计：加新石子每平方公尺工料费为二十七元九角八分，不加新石子每平方公尺工料费为一十五元九角八分，并以不超过原核定预算计，新石子酌予减少为二公分，合计每平方公尺价为十八元三角八分；整修路中停车场每平方公尺一元，经众认为适合并签名盖章，纪录在卷。兹依照决定保留之九家厂商内其对马路工程经验较多，及其减去新石子之标价与核定合理单价相近者，计有冀兴、升昌、同仁、同义、德来等五家较为相合。除分段交包并饬依限开工外，谨检同施工分配表一纸并冀兴等五家包商所订合同、保证书、标单各三份，第一期付款单各一纸，一并赍请鉴核存转，并祈发给该商等第一期工款，以利进行。

　　谨呈

西安市政处处　长　刘①

　　　副处长　刘②

兼西安市政处工务局局长　刘政因

----

① 即刘楚材。

② 即刘政因。

附 1　　　　　　　　**西安市政处工务局工程领款单**

工程名称	翻修钟楼四周南半部及南大街碎石路工程					承做厂商	冀兴公司

此联呈市政处据此与承包人之第三联对照发款

工程情况	种类	单位	单价	本期数量	连前共计	总包价	137217.00 元
	碎石	公立方	120.00			已支款数	
	黄沙	公立方	45.00			本期请领数	41165.00 元
	黄土	公立方	20.00			连前共领数	41165.00 元
	石灰	公立方	520.00				
	挖旧路面	公平方	4.50			附 记：	
	整理路基	公平方	0.70			按照合同第17条应付第一期款约计41165.00元。	
	铺路灌浆	公平方	1.50				
	辗压费	公平方	1.50				
	运除废土	公立方	10.00				

局长　刘政因（章）工程课课长　赵明堂（章）　负责工程司　刘云龙（章）　监工员　董国珍（章）

附 2　　　　　　　　**西安市政处工务局工程领款单**

工程名称	翻修西大街由竹笆市至钟楼及钟楼四周北半部碎石路					承做厂商	升昌营造厂

此联呈市政处据此与承包人之第三联对照发款

工程情况	种类	单位	单价	本期数量	连前共计	总包价	86345.56 元
	碎石	公立方	120.00			已支款数	
	黄沙	公立方	45.00			本期请领数	26000.00 元
	黄土	公立方	20.00			连前共领数	26000.00 元
	石灰	公立方	520.00			附 记：	
	挖旧路面	公平方	4.50			订立合同对保后付款百分之三十约计26,000.00元。	
	整理路基	公平方	0.70				
	铺碴灌浆	公平方	1.50				
	辗压费	公平方	1.50				
	运除废土	公立方	10.00				
	修理停车场	公平方	1.00				

局长 刘政因（章）　工程课课长　赵明堂（章）　负责工程司　朱观会（章）　监工员　赵国藩（章）

市政处为饬知各包商领取翻修钟楼四周等碎石路工程
第一期工款给该处工务局局长的指令

市工字第 228 号

（中华民国三十一年五月二十六日）

令工务局局长刘政因

三十一年五月十一日工工字第一八二号呈一件，呈赍翻修西大街、南大街及钟楼四周碎石路工程施工分配表一纸，工程合同等件各三份，第一期付款单各一纸，祈核转发给由。

呈件均悉。除转报省政府核备及函达审计处查照外，所有应付之第一期工款，仰即饬知各该包商来处具领为要。

此令

处　长　刘楚材

副处长　刘政因

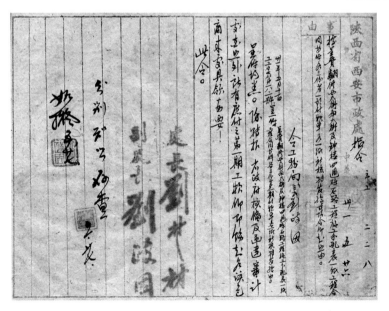

市政处为报送翻修钟楼四周等碎石路工程相关文件呈省政府文①

市工字第 224 号

（中华民国三十一年五月二十六日）

　　案奉钧座五月八日案谕本市西、南两大街马路应速择要翻修，限十日内兴工，不得迁延等因。奉此，经饬据本处工务局本年五月二十一日工工字第一八二号呈称："查翻修西大街、南大街及钟楼四周碎石路工程于本月十五日开标后，当场选定保留中兴等九家，曾将开标纪录呈送在案。复于是日下午经各监标委员会同详审，结果以各家标单内容多有未合，决定依照现时情形另拟一合理价格，如附表，计：加新石子每平方公尺工料费为二十七元九角八分，不加新石子每平方公尺工料费为一十五元九角八分，并以不超过原核定预算计，新石子酌予减少为二公分，合计每平方公尺价为十八元三角八分；整修路中停车场每平方公尺一元，经众认为适合并签名盖章，纪录在卷。兹依照决定保留之九家厂商内其对马路工程经验较多，及其减去新石子之标价与核定合理单价相近者，计有冀兴、升昌、同仁、同义、德来等五家较为相合。除分段交包并饬依限开工外，谨检同施工分配表一纸并冀兴等五家包商所订合同、保证书、标单各三份，第一期付款单各一纸，一并赍请鉴核存转，并祈发给该商等第一期工款，以利进行。"等情。据此，经核所赍各件当无不合，除第一项工款拟由本处收入项下照数拨给外，理合检同原附施工分配表、冀兴等五包商所订合同、保证书、标单、施工说明书各一份，赍请鉴核备查，实为公便。

　　谨呈

陕西省政府主席　熊②

　　赍件如文

西安市政处处长　刘楚材

---

① 市政处同时呈审计部陕西省审计处文，赍送翻修钟楼四周碎石路等工程相关文件（市工字第 227 号）。

② 即熊斌。

西安市政处工务局
翻修西大街、南大街及钟楼四周马路施工地段分配表

附 1

翻修西大街、南大街及钟楼四周马路施工地段分配表				
路 段 别	承包厂商	负责工程司	监工员	备 考
西大街西门至贡院门	德来公司	刘国鉴	常子林	
西大街贡院门至大学习巷	同仁建筑公司	同 上	惠玉让	
西大街大学习巷至竹笆市	同义建筑公司	朱观会	秦连璞	
竹笆市至钟楼及钟楼四周北半部	升昌营造厂	同 上	赵国藩	
南大街及钟楼四周南半部	冀兴建筑公司	刘云龙	董国珍	

附 2　　　**翻修钟楼四周南半部及南大街碎石马路工程合同**

西安市政处工务局（以下简称工务局）翻修南大街及钟楼四周南半部马路工程与承包人冀兴建筑公司（以下简称承包人）订立合同如左：

第一条　本合同自订立之日起发生效力，至工程告竣验收如式承包人出具保固切结后为止。

第二条　承包人投标时所填写之标单及说明书等为本合同之一部，在工程进行期间，工务局对于工程各部份有更改或增减时，承包人须遵照建筑所有工料按投标时所填之单价计算，如标单单价不详时，按照时价另行估定。

第三条　本工程所有零星琐碎之处，如有未尽载明于施工说明书或图样等之内者，承包人须服从工务局所派监工人员指示办理，不得另索造价。

第四条　本工程所需之人工、物料、工具、竹篱、麻绳、木桩以及各种生力之法暨防护之物（压路机、路滚由本局供给）统归承包人负担，所有本工程所需用之材料，须经本局所派负责监工人员验收后方许应用。

第五条　工程进行时，承包人须负工人安全及维持交通之责。

第六条　承包人非得工务局之允许不得将本工程转包他人。

第七条　承包人须派遣富有工程经验之监工人常川在场监督，并听工务局监工员之指挥。如该监工人不称职时，工务局得通知承包人撤换之。

第八条　本工程于任何时间，如工务局查有与施工说明书不符之处，得责令承包人应即拆除并依照规定之工料重筑，所有时间及金钱之损失统归承包人负担。

第九条　订立合同时承包人须缴纳保证金洋一千元，领取收据。承包人中途有违反合同或藉辞推诿不完工等情事，工务局得将保证金悉数没收，作为赔偿各项损失之一部。

第十条　本工程经陕西省政府验收后，上项保证金可移作保固金（保固金发还办法列后），所有保证金、保固期及保固金等皆须按工务局规定办法办理。

第十一条　本工程自三十一年五月二十五日起动工，限定工作日八十天（雨雪或暴风警报天除外），逾限由承包人按日罚洋肆百元〇角〇分（约合总包价百分之），工务局在应发工款内扣除之，如遇雨雪或暴风确难工作时，须由本局所派负责人员之签字证明，始得展期完工。

第十二条　本工程于开工之后验收之前，其已成之工程概由承包人负责保管，凡一切意外所受之损失皆由承包人完全负责。

第十三条　承包人须觅殷实铺保一家，倘承包人有违背合同或不能履行合同任何条款，由保证人代承包人负责本合同所订一切责任，保证人须填写保证书，并在本合同后方签字盖章，表示承认各款。

第十四条　若承包人无故停止工作或延缓履行合同时，经本局书面通知后三日仍未遵照工作，由本局一面通知保证人，一面另雇他人继续承包工作，所有场内之材料、器具、设备等概归本局使用，而其续造工程之费用及延期损失等，本局由工程包价内扣除之，如有不足之处均归保证人赔偿。

第十五条　订立合同后物价无论如何增涨，承包人不得要求加价。

第十六条　本工程总包价为壹拾叁万柒仟贰佰壹拾柒元玖角壹分（若承包人系投单价其总价依工程完竣后实收数量结算为准）。

第十七条　本工程分四期付款。

第一期　订立合同对保后付款百分之三十，计肆万壹仟壹百陆拾伍元。

第二期　工程进行百分之四十付款百分之三十，计肆万壹仟壹百陆拾伍元。

第三期　工程进行百分之八十付款百分之二十五，计叁万肆仟叁百零肆元。

第末期　工程完竣后经验收合格除扣保固金外全数付清。

第末期　经省政府派员验收后除保固金外扫数结清。

各期付款须由负责督工人员填写请款书，经工务局工程科证明后呈请核发。

第十八条 保固金贰仟柒百肆拾肆元在总包价内扣存，俟保固期满后发还，保固期自验收日算起。

第十九条 本工程全部验收后保固时期规定为六个月，如有损坏之处承包人得本局通知后立即前往遵照修理，否则工务局代觅工人修理所有工料费用在保固金内扣除。

第二十条 本合同、保证书及施工说明书均缮同样五份，三份送呈西安市政处备案核转，一份存本局，一份由承包人收执。

西安市政处工务局 　　　（章）

承包人　冀兴建筑公司　　（章）

住　址

保证人　光华照像记　　　（章）

住　址

中华民国三十一年五月　日　立

附3

西安市政处工务局
翻修西大街、南大街及钟楼四周碎石马路标单

种 类	单 位	单价（元）	数 量（每平方公尺面积）	合价（元）	备 考
碎石	公立方	120.00	0.10	12.00	新添碎石按一公寸计，径大二至三公分，并须有棱角。
黄沙	公立方	45.00	0.03	1.35	须清水沙并要粗粒
黄土	公立方	20.00	0.045	0.90	富有粘性
石灰	公立方	520.00	0.0075	3.90	富平石灰
挖旧路基	公平方	4.50	1.00	4.50	连打石子及筛工均在内
整理路基	公平方	0.70	1.00	0.70	填挖过一公寸时土方另计
铺砸灌浆	公平方	1.50	1.00	1.50	下层用黄土浆，上层用灰沙土浆。

续表

种　类	单　位	单价 （元）	数　量 （每平方公尺面积）	合价 （元）	备　考
辗压费	公平方	1.50	1.00	1.50	路基及上下层均压
运除废土	公立方	10.00	0.03	0.30	旧路面石子筛出之土沙
每平方公尺工料费洋贰拾陆元陆角伍分				外加5%管理费	

合计贰拾柒元玖角捌分。

附注：以不超过核定预算，新石子按二公分厚加添，每平方工料费合价壹拾捌元叁角捌分。

附4　　　　　　　保　证　书

兹因承包人冀兴建筑公司与西安市政处工务局订立合同包做翻修钟楼四周南半部及南大街碎石马路工程，保证人愿担保该承包人切实履行合同，如有违反合同或因任何事故发生不能履行合同时，保证人愿按照合同规定负完全责任，并赔偿该项工程所受一切损失。自具此保证书后，即负担保之责，至全部工程验收，并保固期满后为止。所具保证书是实。

保证商号　光华照像记（章）

保　证　人　周鼎奎

住　　　址　尚仁路九十号

中华民国三十一年五月　日

附5　　**西安市政处工务局翻修西大街、南大街及钟楼四周碎石马路施工说明书**

总　则

1. 凡属本工程范围内之一切事项均须按照本说明书办理之。

2. 承包人须遵照本说明切实遵照办理，如有不明了处须随时陈明本局所派之负责工程司及监工员指示办理。

3. 本工程上所使用之一切材料须经本局负责监工人员验收合格后方准使用。

4. 施工地段之先后程序由本局指定，各项工作至每一阶段如各层铺碴以及灌浆、滚压等各阶段，须经负责工程司验看后方准施做下部工作。

5. 本工程所需之一切工具及附属物件除压路机及滚筒由本局借用外，其余均由承包人自备。

6. 承包人或其负责代表应常驻工地监督工作，并得听本局所派监工人员指挥。

7. 施工时如有损坏路旁或附近各项公私建筑物或发生其他意外损失，均由承包人负责赔偿。

8. 本路挖出泥土、石子、破砖等以及路面所需材料，须遵照指定地点堆放，于工程完竣后由承包人运除。

9. 开工后应注意交通不得有阻碍等情，于工地两端及有关路口昼间栽置牌示，夜间挂红灯，以示注意而免危险。

10. 路中遇有下水道、井口及井盖须妥为保护，如以施工需要可将井口暂为拆下保存，于路面修好后重照样修复。

材　料

1. 新添碎石采用浐灞河之河光石，以质地坚硬具有棱角、以径大二公分至三公分者为合格，其形圆及大块者须击碎至规定为准，添补数量按实收方数计算。

2. 黄沙须用浐灞河之净水粗粒沙，不加灰土为合格。

3. 黄土须富有粘性。

4. 石灰用富平灰，凡受潮风化者不准使用。

施　工

一、土基

1. 本路宽度仍照旧路面宽度翻修。

2. 横坡度定为三十分之一，纵坡度遵照本局所订之桩志水准办理。

3. 按照规定坡度整修竣事后，用压路机滚压坚实。

二、路面

1. 路上原有石子挖出后须将泥土筛净，其大块及园〔圆〕形不合规定者必须击碎，径大以三公分至五公分为准，然后铺匀。

2. 原有之旧石子及由本局指定所添之新石子统就一次铺足后，用灰浆浇灌，随时滚压至坚实为止。

三、滚压

1. 土基及石子路面均用压路机来回滚压至坚实为度。

2. 滚压时先从路边做起，逐渐向路心移动，每次移动宽度不得超过后轮宽度之半。

3. 压时须随时洒水及沙，如发现有不平处即为填平补齐。

四、灌浆

1. 用一比一比二灰沙土浆分两次灌，第一次稀浆，第二次浓浆灌止缝隙饱满为止。

2. 白灰、黄沙、黄土照成份先行干拌均匀，然后再放浆汁，内加水拌合，用齿耙来回搅拌至融化均匀为止。

五、铺沙

1. 路面压好后，再铺粗粒黄沙一公分厚，洒撒均匀，再用较轻路机来回碾压至路面光平为止。

六、路中停车场将原有之土基照样平整后，上铺黄沙一公分，辗压坚实为度。

附　记

1. 路面完竣后，禁止车辆通行，每日仍须洒水至完全结实后，经本局之许可方准开放。

2. 其他有未载明事项，但为工程上所必需者，得遵照本局所派工程司及监工人员指示办理。

市政处为报送翻修钟楼四周等碎石路工程预算表等呈省政府文

市工字第 250 号

（中华民国三十一年六月七日）*

　　案据本处工务局本年五月二十八日工工字第二一二号呈称："案奉钧处本年五月二十二日市工字第二二零号训令，为奉主席谕：'西、南两大街马路应速择要翻修，限十日内兴工，令仰遵照办理，并造具预算以凭核转。'等因。奉此，查此案所有开标纪录以及工程合同等件均经呈送在案。奉令前因，谨补造具翻修西、南两大街碎石路及西大街停车场、钟楼四周路面等工程预算表并工程计划书各三份，赍请鉴核备转。谨呈。"等情。据此，经核尚合，理合检同翻修西、南两大街碎石路及西大街停车场、钟楼四周路面等工程预算表并工程计划书各乙份，备文赍请鉴核。

　　谨呈

陕西省政府主席　熊①

处　长　刘楚材

副处长　刘政因

西安市政处工务局
翻修钟楼四周碎石路工料预算表

附 1

长 199.60 × 宽 11.00 = 2195.60 公平方　　　　　　中华民国　31　年　5　月　20　日

种　类	单　位	单价（元）	数　量	合　价（元）	附　记
碎　石	公立方	120.00	43.91	5，269.20	
白　灰	公立方	520.00	16.47	8，564.40	
黄　沙	公立方	45.00	65.87	2，964.15	
黄　土	公立方	20.00	98.80	1，976.00	
挖旧路面	公平方	4.50	2，195.60	9，880.20	

---

①　即熊斌。

种 类	单 位	单价（元）	数 量	合 价（元）	附 记
整理路基	公平方	0.70	2,195.60	1,536.92	
铺碴灌浆	公平方	1.50	2,195.60	3,293.40	
辗压费	公平方	1.50	2,195.60	3,293.40	
运除废土	公立方	10.00	65.87	658.70	
小 计				37,436.37	
预备费				3,743.64	
总 计				41,180.01	

计算 朱观会（章）　　　　审核 赵明堂（章）　　　　核准 刘政因（章）

附2　　翻修西大街、南大街及钟楼四周碎石马路工程计划说明

查西大街等处路面以修筑年久，多呈坎坷，极应修整。惟限于工款不能依照理想改善，只有因陋就简加以修整，以求抗战期间人力、物力之节省，而同时顾及交通建设之重要，惟路面筑成后其坚固耐久当稍逊耳。

一、翻掘旧路面及整修路基

先将旧路面全部掘起剔除后，即将路基加以平整并碾压坚实，使基面一律成为三十比一之横度匀平横坡。

二、修筑路面

旧路面之石子于筛净后，将其块大或形圆不合规定者，加以捶击至径大三至五公分并具棱角，然后匀铺。因路面经多年之磨损石子消蚀甚大，多数补充又为工款所不许，故新添石子平均按二公分厚加增，依照规定整理竣事，与旧石子同时铺筑。

石子铺匀后灌以一比一比二石灰沙泥浆，分稀浓两次灌满后碾压坚实，表面再铺以一公分厚粗粒黄沙，复行碾压光平。新添石子系采用浐灞河所产，质地坚硬有棱角，径大二至三公分者，黄沙亦用浐灞河之净粒粗沙，石灰为未经潮湿之富平灰，黄土则采富有黏性之纯净黄土。

三、平整停车场

西大街路中停车场仍就原样加以平整，辗压上铺粗沙厚一公分。

市政处工务局为翻修钟楼四周等碎石路工程请增加石子厚度给该处的呈文

工工字第 258 号

（中华民国三十一年六月十三日）

查翻修西、南两大街及钟楼四周碎石路面工程，曾于本年二月间拟具计划呈核，旋于四月中旬奉令以工款有限饬另拟分期修筑办法，遵即拟定计分为四期进行。第一期西大街约需工款为五十七万九千余元，经呈奉准如所拟办理。正筹办间，复于五月中旬奉交主席手谕，饬将西、南两大街路面择要同时动工，并饬另拟预算。遵将西大街、南大街及钟楼四周三路分别拟具从简翻修预算及计划说明书，于本年五月三十日呈核，并将遵谕交包分段开工情形呈报在案。兹查各街路面翻挖工作已大部完竣，惟原有路面以年久磨蚀特甚，现余厚度平均仅为一公寸，若依最后遵拟之节约翻修计划，加添新碎石二公分厚，则连旧有碎石仅为一·二公寸，较当初计划之二公寸厚相差甚多，将来完成，深恐不能耐久。衡诸以往经验并依本市交通情况，二公寸厚路面约可保用四年，一·五公寸不过二年半，一·二公寸仅可维持一年半。似此则一·二公寸厚路面，衡诸用费及保用期殊不经济。为保持路面经久耐用，计拟仍以照原计划加筑至二公寸厚为佳，倘以财力不逮改为一·五公寸亦较耐固。前呈之三路工款预算共为五十九万四千四百九十二元四角七分，若将路面加厚至一·五公寸，即须添新碎石五公分厚，计增加工料费一十二万四千七百元零四角；加厚至二公寸，即须添新碎石一公寸，计增加工料费三十三万二千五百三十四元四角。刻以路面铺筑在即，其厚度应否增加，亟待决定。谨拟具碎石厚度比较表及预算书三种各一份，赉请鉴核示遵。

　谨呈

西安市政处代处长　　刘①
　　　副处长

　　赉件如文

　　　　　　　　　　兼西安市政处工务局局长　刘政因

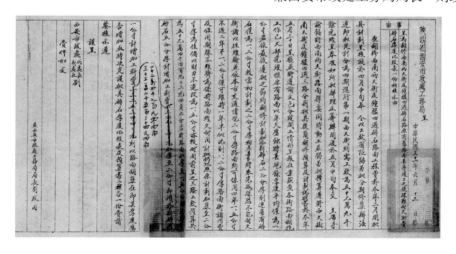

---

①　即刘政因。

附1

西安市政处工务局
翻修西南大街及钟楼四周碎石路碎石厚度比较表

新添碎石石厚度	连旧碎石共计厚度	预计保用年限	工料费预算总数（元）	按预计保用年限每年摊当工料费数（元）	工料费较新添碎石二公分厚时增加数（元）
二公分	1.2公寸	一年半	594492.47	396328.30	
五公分	1.5公寸	二年半	719192.87	287677.15	124700.40
一公寸	2公寸	四　年	927026.87	231756.72	332534.40

备考——本表所列保用年限系按不行驶窄铁轮车估计。

附2

西安市政处工务局
翻修西南大街钟楼四周碎石路预算表
（新添碎石按一公寸厚计）

中华民国　31　年　6　月　12　日

碎石路面积 = 31490.00 平方公尺　　停车场面积 = 3806.40 平方公尺

种　类	单　位	单价（元）	数　量	合价（元）	附　记
碎　石	公立方	120.00	3149.00	377880.00	
白　灰	公立方	520.00	236.19	122818.80	
黄　沙	公立方	45.00	944.70	42511.50	
黄　土	公立方	20.00	1417.00	28340.00	
挖旧路面	公平方	4.50	31490.00	141705.00	
整修路基	公平方	0.70	31490.00	22043.00	
铺碴灌浆	公平方	1.50	31490.00	47235.00	
辗压费	公平方	1.50	31490.00	47235.00	
运除废土	公立方	10.00	917.70	9177.00	
修整停车场	公平方	1.00	3806.40	3806.40	
小　计				842751.70	

续表

种　类	单　位	单价（元）	数　量	合价（元）	附　记
预备费				84275.17	
总　　计				927026.87	

计算　朱观会（章）　　　　　审核　赵明堂（章）　　　　　核准　刘政因（章）

附3

西安市政处工务局
翻修西大街、南大街、钟楼四周碎石路预算表

（新添碎石按二公分厚计，即本年五月三十日所呈核者）

中华民国_____年_____月_____日

碎石路面积＝31490.00平方公尺　　停车场面积＝3806.40平方公尺

种　类	单　位	单价（元）	数　量	合价（元）	附　记
碎　石	公立方	120.00	629.80	75576.00	
白　灰	公立方	520.00	236.19	122818.80	
黄　沙	公立方	45.00	944.70	42511.50	
黄　土	公立方	20.00	1417.00	28340.00	
挖旧路面	公平方	4.50	31490.00	141705.00	
整理路基	公立方	0.70	31490.00	22043.00	
铺碴灌浆	公立方	1.50	31490.00	47235.00	
辗压费	公立方	1.50	31490.00	47235.00	
运除废土	公立方	10.00	917.70	9177.00	
修整停车场	公平方	1.00	3806.40	3806.40	
小　计				540447.70	

续表

种 类	单 位	单价（元）	数 量	合价（元）	附 记
预备费				54044.77	百分之十
总　计				594492.47	

计算　朱观会（章）　　　　　审核　赵明堂（章）　　　　　核准　刘政因（章）

西安市政处工务局
翻修西南大街、钟楼四周碎石路预算表
（新添碎石按五公分厚计）

附4

中华民国　31　年　6　月　12　日

碎石路面积＝31490.00平方公尺　　　停车场面积＝3806.40平方公尺

种 类	单 位	单价（元）	数 量	合价（元）	附 记
碎　石	公立方	120.00	1574.50	188940.00	
白　灰	公立方	520.00	236.19	122818.80	
黄　沙	公立方	45.00	944.70	42511.50	
黄　土	公立方	20.00	1417.00	28340.00	
挖旧路面	公平方	4.50	31490.00	141705.00	
整理路基	公立方	0.70	31490.00	220430.00	
铺碴灌浆	公立方	1.50	31490.00	47235.00	
辗压费	公立方	1.50	31490.00	47235.00	
运除废土	公立方	10.00	917.70	9177.00	
修整停车场	公平方	1.00	3806.40	3806.40	
小　计				653811.70	

种 类	单 位	单价（元）	数 量	合价（元）	附 记
预备费				65381.17	百分之十
总　计				719192.87	

计算　朱观会（章）　　　　　审核　赵明堂（章）　　　　　核准　刘政因（章）

省政府为翻修钟楼四周等碎石路工程费开支给市政处的指令

府秘技字 4553 号

（中华民国三十一年六月二十四日）

令西安市政处

本年六月七日市工字第二五零号呈一件，同前由。

呈暨附件均悉。查核所赍各件均属相符，应准在该处翻修本市四大街马路工程费二百万元预算内开支。仰即遵照转饬工务局知照。附件存。此令

主席　熊　斌

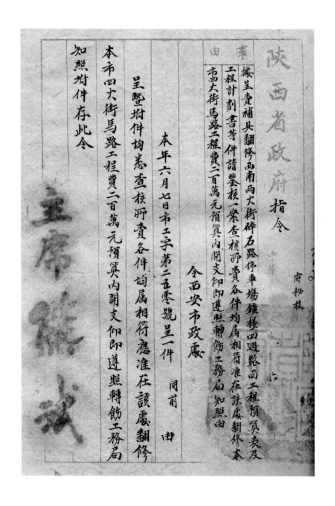

市政处为翻修钟楼四周等碎石路工程费开支给该处工务局的训令

市工字第 290 号

（中华民国三十一年六月二十九日）

令工务局

案据该局前补具翻修西、南两大街碎石路、停车场、钟楼四周路面工程预算表

及工程计划书等件，前经转赍核示在案。兹奉陕西省政府府秘技字四五五三号指令，

以"所赍各件均属相符，应准在翻修本市四大街马路工程费二百万元预算内开支，饬转知照。"等因。奉此，合行令仰知照。

此令

暂代处长　刘政因

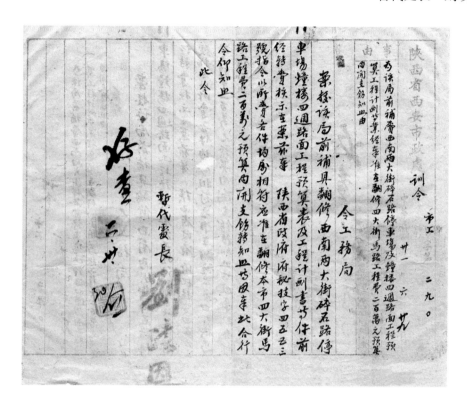

省政府为翻修钟楼四周等碎石路工程石子厚度给市政处的指令

府财建二字第 2405 号

（中华民国三十一年七月二十日）

令西安市政处

三十一年六月二十二日呈一件，呈为据赍西、南两大街及钟楼四周碎石路工程拟增加厚度，以期坚固，附比较表及预算书等情，转请核示由。

呈件均悉。案经提交本府委员会第一百零二次会议议决："本案既按一公寸二公分厚度翻修，工程将竣，毋庸再议。至将来翻修东、北两大街路面加厚工程，应另案签夺。"等因，纪录在卷。仰即遵照。附件存。此令。

主席　熊　斌

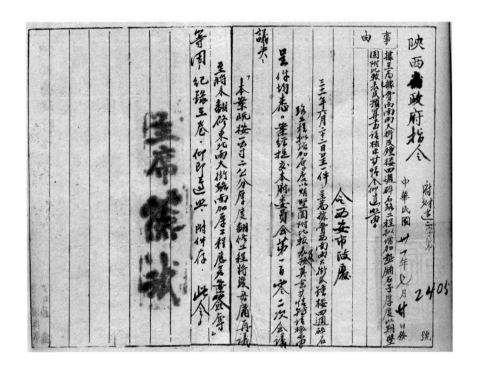

市政处为翻修钟楼四周等碎石路工程石子厚度给该处工务局的训令

市工字第 43 号

（中华民国三十一年七月二十七日）

令工务局

案查该局前以翻修西、南大街及钟楼四周碎石路工程，请增加石子厚度以期坚固，并附比较表及预算书等各一份，请鉴核等情一案。经呈奉陕西省政府本年七月二十日府财建二字第二四〇五号指令内开："呈件均悉。案经提交本府委员会第一百零二次会议议决：'本案既按一公寸二公分厚度翻修，工程将竣，毋庸再议。至将来翻修东、北两大街路面加厚工程，应另案签夺。'等因，纪录在卷。仰即遵照。
附件存。此令。"等因。奉此，合亟令仰遵照为要。

　　此令

　　　　　　　　　　　　　　　　　　　　　　处　　长　黄觉非

　　　　　　　　　　　　　　　　　　　　　　副处长　　刘政因

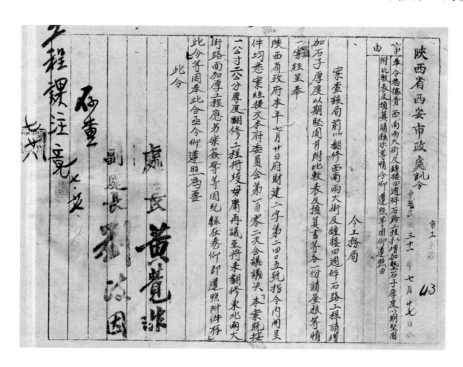

市政处工务局为核发翻修钟楼四周等碎石路工程
第三期工款给该处的呈文

工工字第 401 号

（中华民国三十一年八月十五日）

　　查升昌建筑公司承修西大街由竹笆市至钟楼及钟楼四周北半部碎石路工程，第
二期领款单业经呈送在案。谨将该项工程第三期领款单第二联一纸，计国币贰万零
伍百元整，赍请鉴核发给。

谨呈

西安市政处　长　黄[1]

　　　副处长　刘[2]

兼西安市政处工务局局长　刘政因

附　　　　　　　　西安市政处工务局工程领款单

此联呈市政处据此与承包人之第三联对照发款

<table>
<tr><td colspan="8">工程名称　翻修西大街由竹笆市至钟楼及钟楼四周北半部碎石马路　承做厂商　升昌公司</td></tr>
<tr><td rowspan="11">工程情况</td><td>种类</td><td>单位</td><td>单价（元）</td><td>本期数量</td><td>连前共计</td><td>总包价</td><td>86345.56 元</td></tr>
<tr><td>碎石</td><td>公立方</td><td>120.00</td><td>32.00</td><td>70.00</td><td>已支款数</td><td>52000.00 元</td></tr>
<tr><td>黄沙</td><td>公立方</td><td>45.00</td><td>78.00</td><td>109.00</td><td>本期请领数</td><td>20500.00 元</td></tr>
<tr><td>黄土</td><td>公立方</td><td>20.00</td><td>120.46</td><td>165.46</td><td>连前共领数</td><td>72500.00 元</td></tr>
<tr><td>石灰</td><td>公立方</td><td>520.00</td><td>7.58</td><td>27.58</td><td></td><td rowspan="7">附记：
工程进行百分之八十付款百分之二十五，计20500.00 元。</td></tr>
<tr><td>挖旧路面</td><td>公平方</td><td>4.50</td><td>797.60</td><td>3657.60</td><td></td></tr>
<tr><td>整理路基</td><td>公平方</td><td>0.70</td><td>797.60</td><td>3657.60</td><td></td></tr>
<tr><td>铺路灌浆</td><td>公平方</td><td>1.50</td><td>3657.60</td><td>3657.60</td><td></td></tr>
<tr><td>碾压费</td><td>公平方</td><td>1.50</td><td>3657.60</td><td>3657.60</td><td></td></tr>
<tr><td>运除废土</td><td>公立方</td><td>10.00</td><td>67.88</td><td>137.88</td><td></td></tr>
<tr><td>修理停车场</td><td>公平方</td><td>1.00</td><td>——</td><td>——</td><td></td></tr>
</table>

局长　刘政因（章）工程课课长　赵明堂（章）负责工程司（章）监工员　黄海龙（章）

市政处工务局为验收翻修钟楼四周等碎石路工程给该处的呈文

工工字第 405 号

（中华民国三十一年八月十五日）

据冀兴、升昌等建筑公司报称，翻修南大街、钟楼四周及西大街竹笆市段马

① 即黄觉非。

② 即刘政因。

路工程，已于八月九日及十二日先后完成，请派员验收并请发给末期工款各等情。经查属实，理合签请鉴核，派员定期验收，以资结束，并请将验收日期先行示遵。

　　谨呈

西安市政处处　长　黄①

　　　副处长　刘②

兼西安市政处工务局局长　刘政因

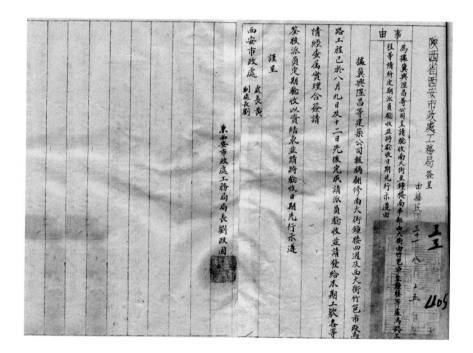

市政处工务局为翻修钟楼四周路面新添石子数量给该处的呈文

工工字第 414 号

（中华民国三十一年八月十九日）

据冀兴、升昌等建筑公司本年八月十五日呈称："窃公司等承包钧局马路工程，饬将钟楼四周石子加厚，除照规定应加者外，计二五·八〇公立方，理合呈报鉴核。"复据该段负责督工技士李筠青呈称："查职段翻修碎石路面工程，于五月二十五日正式开工，至八月十二日全部工程完竣。钟楼部份原有石子铺量太薄，加添新石子二公分仍不耐镇压，且钟楼为全市中心区，车马日夜迤逦不绝，路面石子不加厚实难支持永久。奉谕，除原有石子及规定新加石子数量外，再酌予增加若干，计钟楼北半部外加新石子一〇·九〇公立方。现在已将新旧石子一律铺压完竣，路面工程告成，理应呈报鉴核。"各等情。据此，查本局前以钟楼四周碎石路车马繁多、交通重要，而挖开后原有旧石子甚薄，为巩固路面计曾饬加厚新石子，以期经久耐用，而运到石子数量业经省府及审计处随时派员验收在案。兹据前情，其详确数量除俟验收时详为丈量后再为结算外，理合签请鉴核备查。

　谨呈

西安市政处处　长　黄①

　　　副处长　刘②

　　　　　　　　兼西安市政处工务局局长　刘政因

---

① 即黄觉非。

② 即刘政因。

市政处为翻修钟楼四周路面新添石子数量呈省政府文

市工字第 98 号

（中华民国三十一年九月二十六日）

　　案据本处工务局本年八月十九日工工字第四一四号呈称："据冀兴、升昌等建筑公司本年八月十五日呈称：'窃公司等承包钧局马路工程，饬将钟楼四周石子加厚，除照规定应加者外，计二五·八〇公立方，理合呈报鉴核。'复据该段负责督工技士李筠青呈称：'查职段翻修碎石路面工程，于五月二十五日正式开工，至八月十二日全部工程完竣。钟楼部份原有石子铺量太薄，加添新石子二公分仍不耐镇压，且钟楼为全市中心区，车马日夜迤逦不绝，路面石子不加厚实难支持永久。奉谕，除原有石子及规定新加石子数量外，再酌予增加若干，计钟楼北半部外加新石子一〇·九〇公立方。现在已将新旧石子一律铺压完竣，路面工程告成，理应呈报鉴核。'各等情。据此，查本局前以钟楼四周碎石路车马繁多、交通重要，而挖开后原有旧石子甚薄，为巩固路面计曾饬加厚新石子以期经久耐用，而运到石子数量业经省府及审计处随时派员验收在案。兹据前情，其详确数量，除俟验收时详为丈量后再为结算外，理合签请鉴核备查。"等情。据此，查所称尚属实在，惟加添石子每方车价应按包修时价格计算，方属合理。除指令外，理合备文，呈请鉴核备查。

　　谨呈

陕西省政府主席　熊①

西安市政处处　长　黄觉非

副处长　刘政因

---

①　即熊斌。

市政处为翻修钟楼四周路面新添石子数量及价格给该处工务局的指令

市工字第 97 号

（中华民国三十一年九月二十六日）

令工务局局长刘政因

本年八月十九日工工字第四一四号呈一件，为据冀兴等公司呈报翻修钟楼四周路面新添石子数量，祈核备由。

呈悉。所称尚属实在，惟增添石子每方单价应按包修时价格计算，方属合理，除呈报陕西省政府核备外，仰即知照。

此令

处　　长　黄觉非

副处长　刘政因

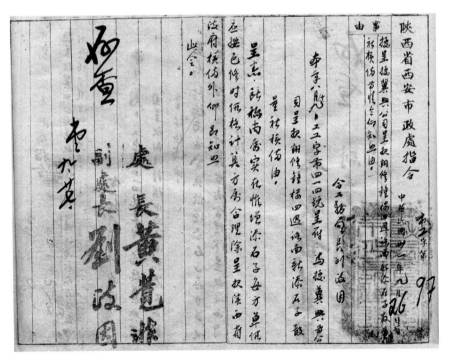

省政府为翻修钟楼四周路面新添石子数量及工程变故
应先呈核给市政处处长的指令

府建二字第 3330 号

（中华民国三十一年十月四日）

令西安市政处处长黄觉非

三十一年九月二十六日呈乙件，呈报翻修钟楼四周路面新添石子数量请核备由。

呈悉。准予备查。再，嗣后对于任何工程，如中途变更计划或增减工料时，均应事先呈请核办，不得事后报请备查，并仰知照。此令。

主席　熊　斌

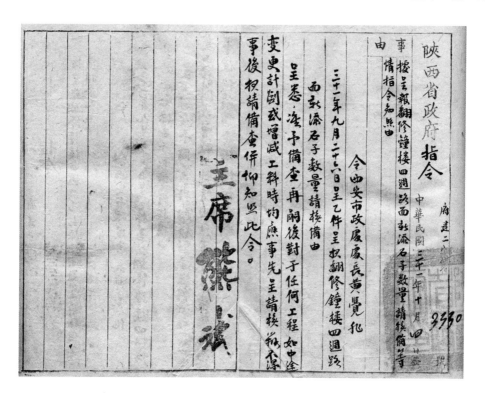

市政处为翻修钟楼四周路面新添石子数量及工程变故应先呈核给该处工务局的训令

市工字第 120 号

（中华民国三十一年十月八日）

工务局

案查前据该局呈报翻修钟楼四周路面新添石子数量，请核备一案。经呈奉陕西省政府府建二字第三三三零号指令，内开："三十一年九月二十六日呈乙件，呈报翻修钟楼四周路面新添石子数量请核备由。呈悉。准予备查。再，嗣后对于任何工程，如中途变更计划或增减工料时，均应事先呈请核办，不得事后报请备查，并仰知照。此令。"等因。奉此，合亟令仰该局遵照。

此令

处　长　黄觉非

副处长　刘政因

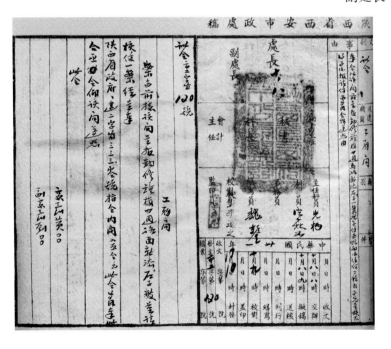

市政处工务局为报送翻修钟楼四周等碎石路工程相关文件
给该处的呈文

工工字第 566 号

（中华民国三十一年十一月九日）

　　查翻修西大街及南大街、钟楼四周等碎石马路均经完竣，并呈经钧处及省府审计处会同派员验收各在案。兹将验收证、结算表各三份，末期付款联单第二联各一纸，赍呈鉴核。

　　谨呈

西安市政处处　　长　黄①

　　　副处长　刘②

　　赍件如文

兼西安市政处工务局局长　刘政因

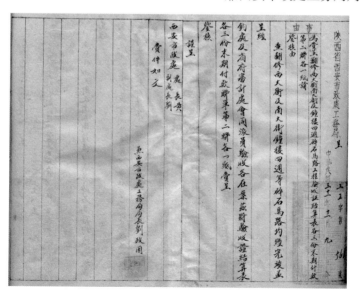

---

① 即黄觉非；

② 即刘政因。

西安市政处工务局
验 收 证

附1

		工程类别及地点	翻修南大街及钟楼南半部碎石马路

工程概要：南大街碎石马路长七七九·一〇公尺，宽八公尺，共计面积六，二三二·八〇公平方（内扣警察台子面积九二〇公平方），实收碎石马路面积六，二二三·七〇公平方；钟楼南半部碎石马路，共计面积为一，一六〇·七二公平方；总计碎石马路面积七，三八四·四二公平方。

验收意见：（一）查该马路除原有石子与施工说明所规定大致相符外，新添石子等材料曾经有关各机关一度验收尚称合格；（二）南大街马路成绩欠佳，惟能加工提前完竣，应予奖惩相抵；（三）所有整个各段马路铺压滚浆均属欠佳，本应严格处罚，惟查路面厚度连同新石子原计划仅十二公分似嫌稍薄，并于完工后至验收期间经数月之车马滚压局部稍欠平坦，但在此期内未予验收，包商尾款积压未发，无形延长保固期限及相当损失，姑予免议。惟自验收之日起在保固期内仍应责令原包商切实养护修理，以利交通。

承包厂商　冀兴公司

右项工程经查验所有不合之处已详验收意见其他与施工总则及合同等件均相符合此证

陕西省建设厅　（章）

西安市政处　（章）

西安市政处工务局　（章）

验收员签名盖章

监验人审计部陕西省审计处

中华民国　三十一　年　十　月　二十六　日

附 **2**

西安市政处工务局
验　收　证

		工程类别及地点
中华民国　三十一年　十月　二十六日	工程概要：竹笆市至钟楼碎石马路长二八六·五七公尺，宽一二公尺，共计面积三，四三八·八四公平方；十字路口碎石马路长二七·五〇公尺，宽三公尺，共计面积为八二·五〇公平方；钟楼北半部碎石马路共计面积二六〇·七二公平方；总计碎石马路面积四，六八二·〇六平方。停车场长一六七·三〇公尺，宽三公尺，计面积五〇一·九〇公平方。 验收意见：（一）查该马路除原有石子与施工说明所规定大致相符外，新添石子等材料曾经有关各机关一度验收尚称合格；（二）南大街马路成绩欠佳，惟能加工提前完竣，应予奖惩相抵；（三）所有整个各段马路铺压滚浆均属欠佳，本应严格处罚，惟查路面厚度连同新石子原计划仅十二公分似嫌稍薄，并于完工后至验收期间经数月之车马滚压局部稍欠平坦，但在此期内未予验收，包商尾款积压未发，无形延长保固期限及相当损失，姑予免议。惟自验收之日起在保固期内仍应责令原包商切实养护修理，以利交通。	翻修西大街由竹笆市至钟楼及钟楼北半部碎石马路
右项工程经查验所有不　合之处已祥验收意见其他与施工总则及合同等件均相符合此证 陕西省建设厅（章） 西安市政处（章） 西安市政处工务局（章） 验收员签名盖章（章） 监验人审计部陕西省审计处		承包厂商　升昌公司

附3   **西安市政处工务局**

翻修南大街及钟楼南半部碎石马路 工程结算表						
承造厂商	冀兴公司			规定工作期限	80 天	
订立合同日期	31 年 5 月 20 日			根据合同扣除日数	雨天及警报天共计 11 天	
开工日期	31 年 5 月 25 日			核准延期日数	——	
完工日期	31 年 7 月 10 日			逾期日数	——	
验收日期	31 年 10 月 26 日			合同所定总价	137，217.91 元	
追加	项 目	款额（元）	扣罚	项 目	款额（元）	
	钟楼南半部加添新石子 14.90 公立方，每方按原单价 120 元计算	1788.00		碎石路比原定少作 81.19 公平方，每方按原单价 18.38 元扣除	1492.27	
	共 计	1788.00		共 计	1492.27	
净付款额	$ 137，513.64					

监工员   董国珍（章）   负责工程司   刘云龙（章）   课长   赵明堂（章）   局长

附4   **西安市政处工务局**

翻修西大街竹笆市至钟楼及钟楼北半部碎石马路 工程结算表						
承造厂商	升昌公司			规定工作期限	80 天	
订立合同日期	31 年 5 月 20 日			根据合同扣除日数	雨天及警报天共计 14 天	
开工日期	31 年 5 月 25 日			核准延期日数	——	
完工日期	31 年 8 月 11 日			逾期日数	——	
验收日期	31 年 10 月 26 日			合同所定总价	86，345.56 元	
追加	项 目	款额（元）	扣罚	项 目	款额（元）	
	整理停车场 501.90 公平方	501.90		碎石路面 15.74 公平方	289.30	
	钟楼北半部新加石子 10.90 公立方	1308.00				
	共 计	1809.90		共 计	289.30	
净付款额	$ 87，866.16					

监工员   赵国蕃（章）   负责工程司   朱观会（章）   课长   赵明堂（章）   局长

附5　　　　　　　　　**西安市政处工务局工程领款单**

此联呈市政外据此与承包人之第三联对照发款

工程名称	翻修南大街及钟楼及钟楼四周南半部碎石马路				承做厂商　冀兴公司		
	种类	单　位	单价（元）	本期数量	连前共计	总包价	137217.91 元
工程情况	碎石路面	公平方	18.38		7384.42	已支款数	116634.00 元
						本期请领数	20879.64 元
						连前共领数	137513.4 元

附　记：

　　本期请领数内包括钟楼南半部加添新石子 14.90 公立方，每方 120 元，共计 1,788 元。

局长　刘政因（章）工程课课长 赵明堂（章）负责工程司 刘云龙（章）监工员 董国珍（章）

附6　　　　　　　　　**西安市政处工务局工程领款单**

此联呈市政处据此与承包人之第三联对照发款

工程名称	翻修西大街由竹笆市至钟楼及钟楼四周北半部碎石马路				承做厂商　升昌公司		
	种　类	单　位	单价（元）	本期数量	连前共计	总包价	86345.561 元
工程情况	碎石路面	公平方	18.38		4682.06	已支款数	72500.00 元
	修理停车场	公平方	1.00		501.90	本期请领数	15366.16 元
						连前共领数	87866.16 元

附　记：

　　本期请领数内包括钟楼北半部加添新石子 10.90 公立方，每方 120 元，共计 1,308.00 元。

局长 刘政因（章）　　工程课课长 赵明堂（章）　　负责工程司（章）　　监工员 黄海龙（章）

市政处为验收翻修钟楼四周等碎石路工程事呈省政府文

市工字第 225 号

（中华民国三十一年十二月十四日）

案据本处工务局本年十一月九日工工字第五六六号呈称："查翻修西大街及南大街、钟楼四周等碎石马路均经完竣，并呈经钧处及省府审计处会同派员验收各在案。兹将验收证、结算表各三份，末期付款联单第二联各一纸，赍呈鉴核。"等情。据此，经核所赍各件尚无不合，除将原赍各该项工程验收证及结算表各一份送请陕西省审计处备查外，理合检同原赍验收证、结算表各一份，送请鉴核备查为荷。

　　谨呈

陕西省政府主席　　熊①

　　赍件如文

西安市政处处　长　黄觉非

副处长　刘政因

市政处工务局为核备翻修钟楼四周等碎石路工程
超工款数目给该处的呈文

工工字第 657 号

（中华民国三十一年十二月十一日）

查翻修西、南大街及钟楼四周碎石路工程，原拟计划总计碎石路面积为三一四九〇·〇〇平方公尺，停车场面积为三八六六·四〇平方公尺，及至开工铺筑时，以各街巷交点处路中原系土路者，曾饬一并加铺为碎石路面，藉资坚固，致实作碎石路面较原计划超出九六六·一八平方公尺，及钟楼四周加厚石子，共计超过原包

---

① 即熊斌。

价二三八八五·五九元。其详细结算表除已呈赍外，理合签请鉴核备查。

　　谨呈

西安市政处处　长　黄①

　　　副处长　刘②

兼西安市政处工务局局长　刘政因

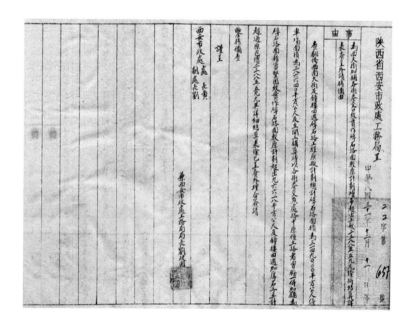

市政处工务局为先借发翻修钟楼四周等碎石路工程
末期工款给该处的呈文

工工字第 716 号

（中华民国三十一年十二月二十四日）

　　查西、南两大街及钟楼四周碎石马路完成迄今已四五月之久，虽经一再修整，近复发现多处损坏，当经转饬各该包商切实修整，顷据各该包商声称："该项工程

末期工款迄未蒙发给，购料、雇工均无力办理，请发借末期工款，以便修理。"等情前来。兹为早日修复各处破损路面，计拟请将各该包商末期欠款先予借给半数，计德来公司一万零一百四十元、同仁公司一万零七十元、同义公司一万七千三百六十元、升昌公司七千六百八十元、冀兴公司一万零四百四十元，以便督饬该商等切实修补。除由局指派专员随时监修，并饬各该商切实遵办外，理合签请鉴核，准予先行借发并请派员会同监修，以资顺利进行。

　　谨呈

西安市政处处　长　黄①

　　副处长　刘②

兼西安市政处工务局局长　刘政因

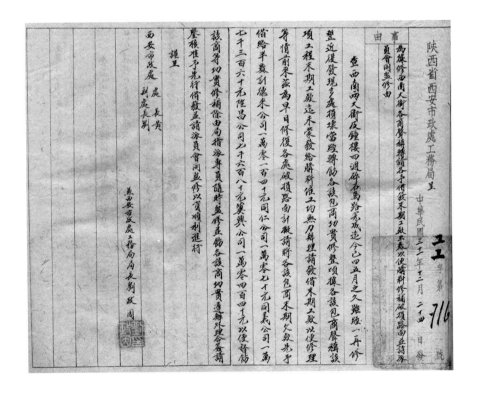

---

①　即黄觉非；

②　即刘政因。

省政府为知照翻修钟楼四周等碎石路工程事给市政处处长的指令

府建二字第 4306 号

（中华民国三十一年十二月二十四日）

令西安市政处处长黄觉非

三十一年十二月十四日呈一件，呈赍翻修西、南两大街暨钟楼四周马路工程验收证、结算表各一份，请核备由。

呈暨附件均悉。准予备查，仰即知照。附件存。

此令

主席　熊　斌

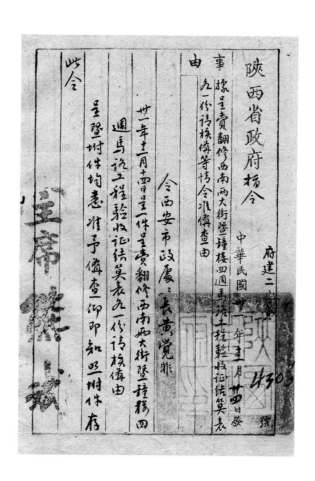

市政处为加铺钟楼四周各街巷交点处等碎石路超工款一案呈省政府文

市工字第 243 号

（中华民国三十二年一月八日）

案据本处工务局本年十二月十一日工工字第六五七号呈称："查翻修西、南两大街及钟楼四周碎石路工程，原拟计划总计碎石路面积为三一四九〇·〇〇平方公尺，停车场面积为三八六六·四〇平方公尺，及至开工铺筑时，以各街巷交点处路中原系土路者，曾饬一并加铺为碎石路面，藉资坚固，致实作碎石路面较原计划超出九六六·一八平方公尺及钟楼四周加厚石子，共计超过原包价二三八八五·五九元。其详细结算表除已呈赍外，理合签请鉴核备查。"等情。据此，查关各该项工程，前经本处以市工字第一二八号呈请钧府及函审计处派员会同验收，并以市工字第二二五号赍送上项工程验收证及结算表一纸各在案。据呈前情，所有超过原包价二三八八五·五九元，核属实在，拟由翻修大车家巷煤渣马路结余款项下流用。可否之处，理合具文呈请鉴核示遵。

　　谨呈

陕西省政府主席　　熊①

西安市政处处　长　黄觉非

副处长　刘政因

---

① 即熊斌。

省政府为加铺钟楼四周各街巷交点处等碎石路
超工款数目给市政处处长的指令

府建二字第 328 号

（中华民国三十二年一月二十一日）

令西安市政处处长黄觉非

三十二年一月八日呈一件，为加铺西、南大街及钟楼四周各街巷交点处碎石路较原计划增多致超出工款一案，请核示由。

呈悉。查此案前据该处呈请派员会同验收等情到府，当经函请审计部陕西省审计处查照，并以子灰府建二字第一二四号代电饬遵各在案。兹据前情，仰即遵照先今各令扣除，另计实超数目具报，以凭核办。此令。

主席　熊　斌

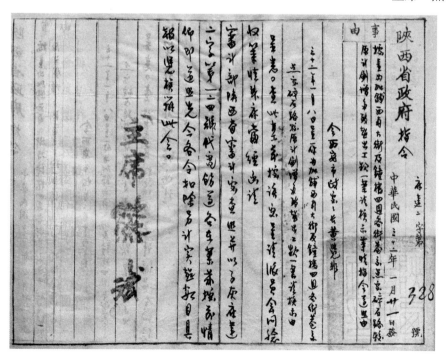

市政处为加铺钟楼四周各街巷交点处等碎石路
超工款数目给该处工务局的训令

市工字第 305 号

（中华民国三十二年一月二十八日）

令工务局

案查前据该局呈，为加铺西、南两大街及钟楼四周各街巷交点处碎石路较原计划增多，致超出工款二三八八五·五九元，请鉴核等情，当经转请核示在案。兹奉陕西省政府本年一月二十一日府建二字第三二八号令开："呈悉。查此案前据该处呈请派员会同验收等情到府，当经函请审计部陕西省审计处查照，并以子灰府建二字第一二四号代电饬遵各在案。兹据前情，仰即遵照先今各令扣除，另计实超数目具报，以凭核办。此令。"等因。奉此，查关于贡院门至大学习巷段内地下室通气孔两处面积四·二〇平方公尺，前于结算该项工程数量时，据报确已扣除，业经复请省政府核备并转函审计处备查在案。兹奉前因，合行令仰将该项加铺西、南两大街及钟楼四周各街巷交点处碎石路较原计划增多，超出工款数目，具报凭转。

此令

处 长 黄觉非

副处长 刘政因

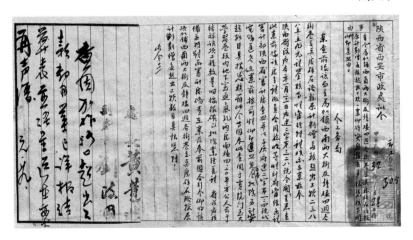

市政处为核备加铺钟楼四周各街巷交点处等碎石路超工款数目呈省政府文

市工字第 326 号

（中华民国三十二年二月十四日）

案查加铺西、南两大街及钟楼四周各街巷交点处碎石路较原计划增多，致超出工款一案，前奉钧府本年元月二十一日府建二字第三二八号指令内开："三十二年一月八日呈一件，为加铺西、南大街及钟楼四周各街巷交点处碎石路较原计划增多，致超出工款一案，请核示由。呈悉。查此案前据该处呈请派员会同验收等情到府，当经函请审计部陕西省审计处查照，并以子灰府建二字第一二四号代电饬遵各在案。兹据前情，仰即遵照先今各令扣除，另计实超数目具报，以凭核办，此令。"等因，经饬据工务局本年元月三十日工工字第八零九号呈称："上项增加工款实在数目，业经详列结算表内：（一）钟楼四周增加碎石数量为二五·八〇公立方，超出工款为三〇九六·〇〇元；（二）停车场增加数量为三〇三一·二〇公平方，超出工款为三〇三一·二〇元；（三）西、南两大街路面增加数量为一〇九二·八一公平方，超出工款为二〇〇八五·八五元，合计超出工款数为二六二一三·〇五元，除扣罚各包商二三二七·四六元外，实较原包价超出二三八八五·五九元，上项结算表已经呈送在案，请察核。"等情。据此，查关于钟楼四周新添石子数量前经本处以市工字九八号呈奉钧府，上年十月四日府建二字第三三三零号令准备查在卷。至西、南两大街及钟楼四周马路工程验收证、结算表，上年十二月十四日以市字二二五号呈赍钧府并函送审计处在案。除将贡院门至大学习巷通气孔业已扣除情形，以市工字三零四号呈请备查外，奉令前因，理合将上项工程实超数目，具文复请鉴核备查。

谨呈

陕西省政府主席 熊①

西安市政处处 长 黄觉非

副处长 刘政因

————————

① 即熊斌。

省政府为加铺钟楼四周各街巷等碎石路超工款一案给市政处处长的指令

府建二字第 965 号

（中华民国三十二年二月二十五日）

令西安市政处处长黄觉非

三十二年二月十四日呈乙件：呈复西、南两大街及钟楼四周各街巷碎石路较原计划增多一案，实超数目请核备由。

呈悉。准予备查，除电请审计部陕西省审计处查照外，仰即知照。此令。

主席　熊　斌

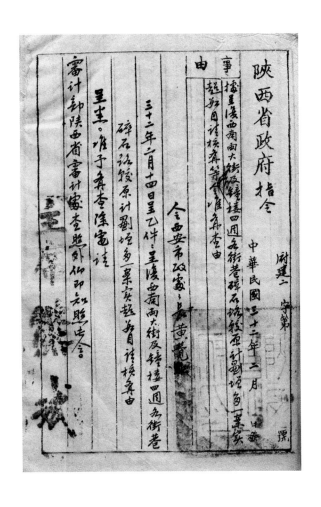

市政处为加铺钟楼四周各街巷交点处等碎石路
超工款一案给该处工务局的指令

市工字 350 号

（中华民国三十二年三月三日）

令工务局

案查前据该局呈复加铺西、南两大街及钟楼四周各街巷交点处碎石路增加工款数目一案，经呈奉陕西省政府本年二月二十五日府建二字第九六五号指令内开："呈悉，准予备查。除电请审计部陕西省审计处查照外，仰即知照。此令。"等因。奉此，合行令仰知照。此令。

处　长　黄觉非

副处长　刘政因

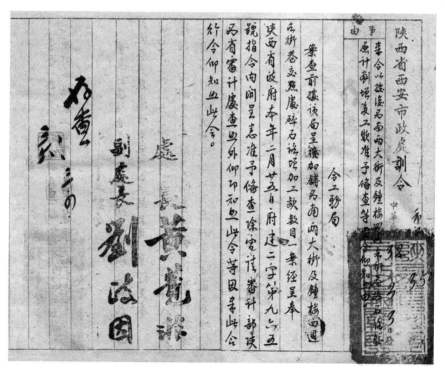

市政处为知照翻修钟楼四周等碎石路工程事给该处工务局的指令

市工字 433 号

（中华民国三十二年四月七日）

令工务局

案查该局前赍翻修西、南两大街暨钟楼四周马路工程验收证、结算表等各一份，业经以市工〈字〉第二二五号呈请陕西省政府，并函审计处核备各在案。兹奉陕西省政府本年十二月二十四日府建二字第四三零六号指令，内开："呈暨附件均悉。准予备查，仰即知照，附件存。此令"等因。奉此，合行令仰知照。

此令

处　长　黄觉非

副处长　刘政因

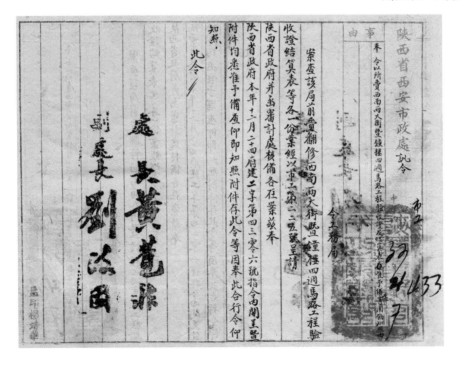

市政处工务局为报送钟楼四周等加铺河沙工程预算表给该处的呈文

工工字第 1350 号

（中华民国三十二年六月十五日）

案查前准钧处傅科长电话通知，以转奉钧座面谕，饬本局另拟西、南大街铺沙预算呈核等因。自应遵照，谨按全路面积铺沙五公厘厚计算，计需国币贰万捌仟玖佰柒拾壹元捌角，造具预算表一份，备文赍请鉴核示遵，实为公便。

谨呈

西安市政处处　长　黄①

副处长　刘②

附呈预算三份。

兼西安市政处工务局局长　刘政因

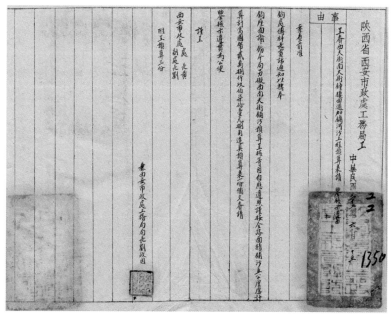

---

① 即黄觉非。

② 即刘政因。

附　　　　　　　　**西安市政处工务局工程预算表**

西大街（1930×10＝193000）

工程名称　南大街（807×6＝4842）　　　加铺河沙五公厘厚

钟楼四周（199.6×11＝2195.6）　　　中华民国__32__年__6__月__11__日

种　类	单　位	单价（元）	数　量	合价（元）	附　记
河沙	公立方	220.00	131.69	28971.80	浐灞河清水沙
总　　计				28，971.80	

计算（章）　　　核对　赵明堂（章）　　　课长　赵明堂（章）　　　局长　刘政因（章）

2. 改建钟楼公园用地纠纷

第十一节　其　他

陕西邮务管理局为改建钟楼公园划定界限致市政工程处公函

第 1986 号

（中华民国二十年七月二十五日）

　　径启者：前经贵处指画不久改造钟楼公园式样，自钟楼东北角起，规定凡在三十二又十分之八公尺以内之房屋均应拆毁，业于本月二十二日由贵处派工程员王仲的丈量定界，在敝局出口道门内划去东西长十又十分之七公尺，但未审究竟能否成为事实。查此出口道门内之地，敝局业已购置，今若划去若干则与原数不符，必须重定，不然划去十又十分之七公尺一层不能必其成为事实，则出口道门外除六公尺人行道外，尚有余地亦须办理。用特函询，请烦查照见复为荷。

　　此致

西安市政工程处

邮务长　屠家骅

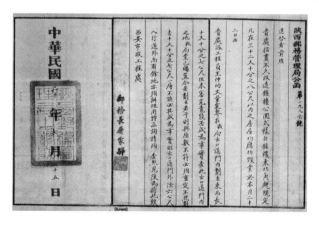

市政工程处为改建钟楼公园划定界限事复陕西邮务管理局公函

第 号

（中华民国二十年七月三十日）

径复者：顷准贵局函开："径启者：前经贵处指画不久改造钟楼公园式样。"全文免予重叙外，尾开："请烦查照见复。"等因。准此，查敝处王技士所划界限确系改建钟楼公园之根本，计划书远在三四月内当可实现。所以预为划界者，恐贵局在此界限内有所建筑，致开辟钟楼公园时重复损失，至于所损失之地面积数，俟开辟时定有相当办法。又，贵局空院出口道外之人行道六尺及大车道、马车道均系暂时规定，不能用本市交通道路之永久眼光观察。准函前因，相应函复查照。此致
陕西邮务管理局

处长　李仲蕃

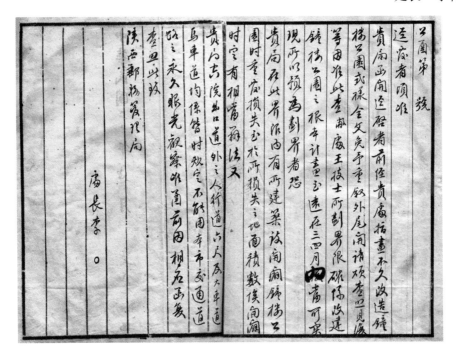

省建设厅为详查邮务管理局请保留出入口道
及八字墙外余地一案给市政工程处的训令

字第 1331 号

（中华民国二十年八月二十四日）

令西安市政工程处

接准陕西邮务管理局函，请令饬该处保留该局西南角已开旁门外余地，以便汽车通行，仰即详查核办具复察夺。

抄发原函并草图各一件。

李　协

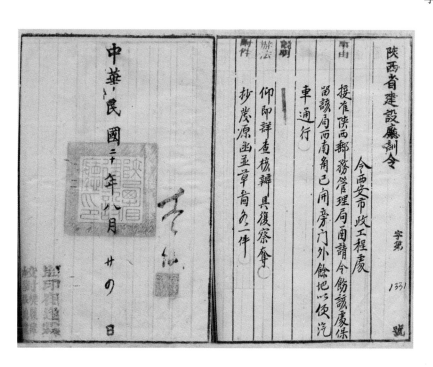

附　　　　　　　　**照抄陕西邮务管理局原函**

　　径启者：前市政府凿井所占之地及西南走道一并划拨本局，作运输邮件汽车出入之路一案，最后丈量，丈得出口道及八字墙外余地，共计地三分九厘四毫，呈奉主席核示由。财政厅会同本局并传集各该地主，依照土地征收法征收，妥议相当地价发给具领等因。本拟完全征收，嗣因贵厅市政工程处函开，规定宽六公尺为人行道，当即函请指画见复。旋由该处派员丈量，着自钟楼东北角起划留三十二又十分之八公尺为改建钟楼公园之用，所以预为划界，以免本局在界限内有所建筑，致开辟钟楼公园时重复损失，具见贵厅互相关切之至意。该处门外余地既属钟楼公园公用范围，是本局对于所丈之三分九厘四毫无须完全征收，并免开辟钟楼公园时复向本局重行征收，辗转滋扰。现拟照贵厅预划界限全行除外，本局仅仅征收门内张姓之地及邢姓之地，共计一分九厘八毫，妥议给价，其门外余地让诸贵厅直接径行征收，藉省手续。但又不能不郑重声明者，出口道之地既经让诸贵厅市政工程处划作建筑钟楼公园，而本局西南角已开之旁门为汽车出入必经之用，门外余地在法律上仍有通行权及地役权。贵厅市政工程处亦应为本局保留好在该地仅止三分九厘四毫，而所有权又分属三家，并无房屋，本局汽车出入于公于私毫无损害之虑，关于此点另附草图说明分数。除另函省政府秘书处转呈主席准予备案外，相应函达，即希查照办理，并盼复示，至纫公谊。

　　此致
陕西建设厅

　　附图乙件（略——编者）

邮务长　屠家骅

省建设厅为详查邮务管理局请保留出入口道及八字墙外余地 一案再给市政工程处的训令

字第 1376 号

（中华民国二十年八月三十一日）

令西安市政工程处

奉省政府令，据邮务管理局函请保留钟楼东北隅前市政府凿井所占出入口道及八字墙外余地，以便汽车出入一案，饬遵照详细查核呈复察夺。查此案前据该局函请到厅，业经令饬该处查办在案。仰即遵照详细查核，迅速具复，以凭核转。抄发原训令一件。

李 协

附　　　　　　　　　　**照抄原令**

为令饬事。案据本政府秘书处呈准陕西邮务管理局函称："径启者：前市政府凿井所占之地及西南走道一并划拨本局，作运输邮件汽车出入之路一案，最后丈量，丈得出口道及八字墙外余地，共计地三分九厘四毫，呈奉主席核示由。财政厅会同本局并传集各该地主，依照土地征收法征收，妥议相当地价发给具领等因。本拟完全征收，嗣因市政工程处函开，规定宽六公尺为人行道，当即函请指画见复去后，旋接市政工程处函复略开，出口道及八字墙外余地，确系改建钟楼公园之根本计划，所以预为划界，恐本局在界限内有所建筑致开辟钟楼公园时重复损失等因。是该处复丈余地三分九厘四毫，绝对无完全征收之必要，以免本局征收后建设厅重行向本局征收，徒滋纷扰。现拟照市政工程处所划界限，全行除外，门内张姓之地及邢姓之地共计一分九厘八毫，作为征收妥议给价，其余门外余地由建设厅直接征收。但有［又］不能不郑重声明，出口道之地无论属原地主或属建设厅均应保留，本局现有旁门汽车出入之通行权及地役权，况该地仅止三分九厘四毫，而所有权又分属三家，并无房屋，本局汽车出入于公于私毫无损害之处，关于此点另附草图说明分办。务请贵处呈明主席准予备案外，再为令饬财政厅酌夺办理。是否有当，并盼示复，实纫公谊。此致。"等由，恳请核饬前来。据此，查该厅所拟开辟钟楼公园，究竟如何计划，周围面积若干公尺，展至何地，何时改建，前项凿井所占出口道及八字墙外余地，是否均在公园范围以内，将来邮局汽车出入有无阻碍之处。合行抄发原图，令仰该厅长即便遵照，详细查核呈复，以凭察夺。切切。此令

计抄发原图一纸。

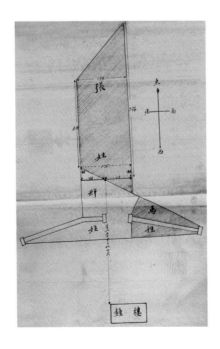

市政工程处为查明邮务管理局请保留出入口道及
八字墙外余地一案情形呈省建设厅文

（中华民国二十年九月八日）

　　奉钧厅第一三七六号训令，奉省政府令，据邮务管理局函请保留钟楼东北隅前市政府凿井所占出入口道及八字墙外余地，以便汽车出入一案，饬遵照详细查核呈复察夺。仰即遵照，详细查核，迅速具复，以凭核转由。查邮务管理局西南角汽车出入之道所占土地，原系商民张、邢二姓私业，该局为通行汽车便利起见，故原征收张、邢之地，但八字墙以外之地，现系人行道，所占之面积在人行道上，如有私人建筑，职处自应照章办理。至于该处八字墙以内之地，日前职处当经派员划明公路所占界限，原拟日后扩大路面之需，现因经济奇绌，路面扩大目下恕难实现，不能即时修筑。该邮局所请保留之件，职处似不能予以断决之言，但钟楼周围修理公园实现时，边傍所占之地，职处自当依照中央颁布之土地征收法办理。奉令前因，理合具文呈复钧厅鉴核转呈省政府察夺。

西安市政工程处处长　张丙昌

省建设厅为邮务管理局请保留出入口道及八字墙外余地
一案给市政工程处处长的指令

字第 4784 号

（中华民国二十年九月十七日）

令西安市政工程处处长张丙昌

　　据该处呈复，查明邮务管理局亟请保留钟楼东北隅前市政府凿井所占出入口道及八字墙外余地，以便汽车出入一案情形。查核呈复各节，尚属详明，已据情转呈省政府核示矣，仰即知照。

李　协

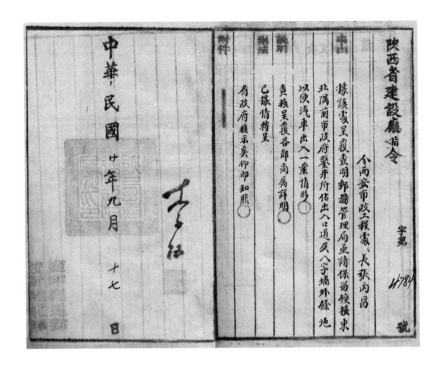

1931 年（民国二十年）陕西邮务管理局因为改建钟楼公园的用地纠纷，与市政工程处和省建设厅磋商解决。

3. 安装直立式路灯

西京电厂为拨付安装钟楼四周直立式路灯工料费致西京市路灯委员会函

（中华民国二十六年十二月二十日）

查本厂代装本市钟楼四周直立式路灯四盏，所用工料等费，共计国币伍百叁拾贰元壹角陆分整，业经屡次派员前往收取，均以贵会因核准预算为肆百捌拾元，超过该数，不能照付，以致稽延至今，未能结案。兹查该项垫款贵会既限于预算，不能照付，本厂为谋早日结束起见，拟将超出数目作为捐助路灯公益之用，由贵会制给收据一纸，以凭报销；至其核准之肆百捌拾元，应请贵会即日拨付，以清手续，而结悬案。相应函达，即希查照办理见复为荷。

　　此致

西京市路灯委员会

　　　　　　　　　　　　　　　　　　　　西京电厂　启

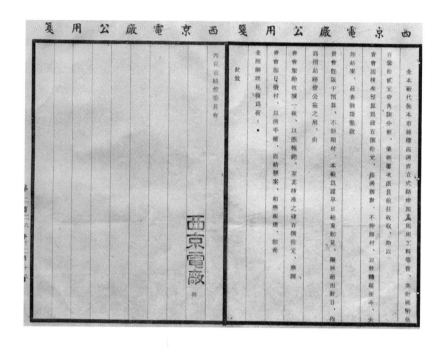

钟楼四周安装直立式电灯

4. 在钟楼上安置广告

1943 年（民国三十二年），企业公司要在钟楼上张贴广告须向西安市政处报送广告图样，制作广告的申请具体位置，待西安市政处批准后，同时告知省会警察局在该区的分局以便随时保护。

省企业公司为在钟楼等处绘制水泥广告请指定地点致市政处公函

生字第 5317 号

（中华民国三十二年八月十九日）

　　查本公司水泥厂所产之水泥，曾经经济部中央工业试验所试验合格，且经售以来颇为社会人士推许。兹为普遍宣传以广销路起见，拟在本市钟楼与东、西、南北四城门及中正门绘制广告，藉广招徕。兹检具图样备函送请查照，即希惠予分别指定地点，俾便绘制而维企业，仍希示复，至纫公谊。

　　此致

西京市政处①

　　附广告图样二纸

总经理　傅正舜

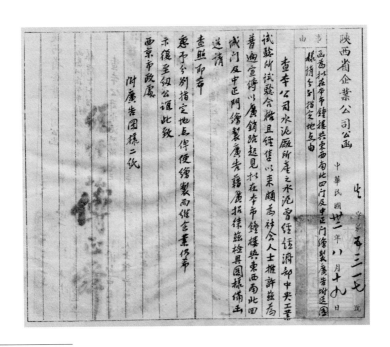

---

① 应为西安市政处。

附　广告图样

市政处为省企业公司在钟楼等处绘制水泥广告事致省会警察局公函

市益字第 871 号

（中华民国三十二年八月三十日）

　　案准陕西省企业公司本年八月十九日生字第五三一七号函开："查本公司水泥厂所产之水泥，曾经经济部中央工业试验所试验合格，且经售以来颇为社会人士推许。兹为普遍宣传以广销路起见，拟在本市钟楼与东、西、南、北四城门及中正门绘制广告，藉广招徕。兹检具图样备函送请查照，即希惠予分别指定地点，俾便绘制而维企业，仍希示复，至纫公谊。"等由，并送图样二纸。准此，当派本处科员陈勋臣前往，会同该公司所派设计科李专员业〈经〉勘定，钟楼西面北角、南面东角及各城门外第一洞入口左首为绘制广告地点。除函复外，相应检送原图样一份，

205

函请查照，并转饬各该管区分局知照为荷。

　　此致

陕西省会警察局

西安市政处处　长　黄觉非

副处长　刘政因

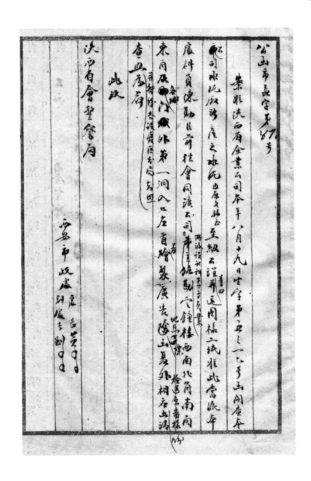

市政处为在钟楼等处绘制水泥广告具体地点复省企业公司函

市益字第 870 号

（中华民国三十二年八月三十日）

案准贵公司本年八月十九日生字第五三一七号函，以拟在本市钟楼与东西南北四门及中正门绘制广告，附送图样，请分别指定地点，以便绘制。等由。准此，业派本处科员陈勋臣前往，会同贵公司设计科李专员已勘定钟楼西面北角、南面东角及各城门外第一洞入口左首为绘制广告地点。除函省会警察局查照外，相应函达，查照办理为荷。

此致

陕西省企业公司

西安市政处处　长　黄觉非

副处长　刘政因

省企业公司为在钟楼等处悬置营造厂广告牌致市政处函

生字第 29 号

（中华民国三十三年三月七日）

查本公司营造厂为推广业务起见，现制就广告牌两面，拟以一面悬置钟楼西面西南角，一面悬置于中正门外城墙上，藉广招徕。相应函请贵处查照，即希惠予俯允为荷。此致

西安市政处

总经理　蔡祥符

市政处为补送在钟楼等处悬置营造厂广告牌图说致省企业公司公函

市益字第 130 号

（中华民国三十三年三月十三日）

案准贵公司本年三月七日生字第二九号函，嘱拟在钟楼及中正门两处分悬广告牌，以利推进业务，藉广招徕。等由。准此，查上项广告牌究占面积几何，牌面设色是否与防空有碍，未准附送图说，无从凭揣。相应函复，至希查照，补送图说三份，以凭办理为荷。此致

陕西省企业公司

西安市政处处 长 黄觉菲

副处长 萧屏如

省企业公司为报送在钟楼等处悬置营造厂广告牌图说致市政处公函

生字第 122 号

（中华民国三十三年三月十七日）

案准贵处市益字第一三零号公函，以本公司前请于钟楼及中正门分悬营造厂广告牌一案，嘱补送图说三份。等由。兹备具图说三份，相应函送，即希查照示复为荷。此复。

西安市政处

附图说三份。

总经理 蔡祥符

附 广告图样

市政处为省企业公司在钟楼等处悬置营造厂广告牌一事
致省会警察局公函

市益字第 171 号

（中华民国三十三年三月二十八日）

案准陕西省企业公司本年三月七日生字第二九号函开："查本公司营造厂为推广业务起见，现制就广告牌两面，拟以一面悬置钟楼西面西南角，一面悬置中正门外城墙上，藉广招徕，并送图说三份，嘱即查照惠允。"等由。准此，当派本处科员陈勋臣会同该公司刘设计专员前往，勘得钟楼西面南角有空隙一条方，中正门西洞外西边空隙甚多，均可装置广告牌。除函复查照办理外，相应检同原图一份，函请查照，并希转饬各该管警察分局查照，随时保护为荷。此致

陕西省会警察局

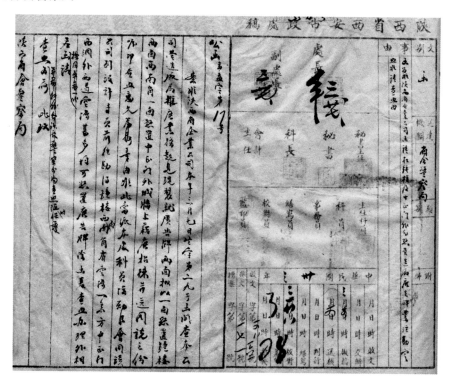

市政处为准在钟楼等处悬置营造厂广告牌复省企业公司函

市益字第 172 号

（中华民国三十三年三月二十八日）

案准贵公司本年三月十七日生字第一二二号函，送拟在钟楼及中正门分悬营造厂广告牌图说，嘱即查照并复等由。准此，当派本处科员陈勋臣会同贵公司刘设计专员前往，勘得钟楼西面南角有空隙一条方，中正门西洞外西边空隙甚多，均可悬挂广告牌。除检同图一份函送省会警察局查照外，相应函复，即希查照办理为荷。
此致
陕西省企业公司

西安市政处处　长　黄觉非

副处长　萧屏如

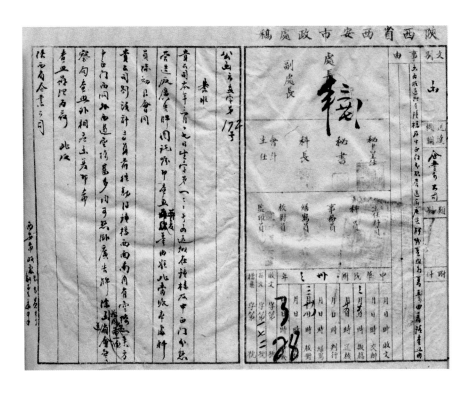

第二篇
鼓楼篇

第一章 西安鼓楼现状描述

西安鼓楼（图2.1）坐落于北院门街的南端，东望钟楼，始建于明洪武十三年（1380年）。

鼓楼和钟楼一样，建于高大的台基之上，但其平面作长方形，与钟楼方形的平面不同。鼓楼的高台砖基座，东西长52.6米，南北宽38米，高7.7米，大于钟楼的台基。台基下辟有高和宽均为6米的南北向券洞式门，与南北街相贯通。楼建于基座的中心，为梁架式木结构楼阁式建筑，面阔七间，进深三间，四周设有回廊。楼分上下两层。第一层楼身上置腰檐和平座，第二层楼为重檐歇山顶，上覆灰瓦。楼的外檐和平座都装饰有青绿彩色斗拱，使楼的整体显得层次分明、华丽秀美。由登台的踏步可上至台基的平面，一层楼的西侧有木梯可登至二层。楼的结构精巧而稳重，是明初建筑佳作。在南北两面楼檐之下，原悬挂两幅匾额，南面的"文武盛地"，是陕西巡抚张楷在重修此楼竣工后，摹写清高宗乾隆的"御笔"；北面的"声闻于天"四个大字相传为咸宁李允宽所书，两块匾额均为蓝底金字木匾。

图2.1 2012年鼓楼

《咸宁县志》对鼓楼就有记载，"敬时楼即今鼓楼。"① "敬时楼"是元代对鼓楼的叫法。"敬时"取"敬授人时"或"敬授民时"之义，取自《尚书·尧典》，"乃命羲和，钦若昊天，历象日月星辰，敬授人时。"这是说把历法告知百姓，使其知时令变化，不误农时。

鼓楼是重要的报时场所，在报时工具尚不发达的古代，鼓楼是百姓生活、政府办公的重要报时工具。所以鼓楼多在政府办公地近旁或者城市的中心。元代鼓楼的东侧是奉元路府所在地，明代鼓楼东侧是西安府所在地。

关于今天所见西安鼓楼的建造，《秦简王诚咏鼓楼记》中有记述："予间阅始祖愍王起居注内载一事，洪武十三年九月初一日，长兴侯耿炳文、左长史文原吉、右长史汤诚之，偕陕西布政司左布政王廉，西安府知府左宗周，于东殿启知起建鼓楼，是日微雨。"②

1996 年西安钟楼、鼓楼被国务院公布定为第四批全国重点文物保护单位。

第二章 西安鼓楼清代维修历史

第一节 康熙年间

清康熙三十八年（1699 年），《咸宁县志》记载了政府对鼓楼的维修，"康熙三十八年复修城内鼓楼，咸宁知县董宏彪记之"《咸宁县志》（卷十地理志）。这次虽然对鼓楼的维修进行了记载，但是所言甚简，仅以"修复"二字一笔带过，维修内容、所使用工艺、花费人工数量等等均无法得知。

第二节 乾隆年间

1. 清乾隆五年

清乾隆五年（1740 年），据《陕西地方志＜咸宁县志＞》记载，政府对钟楼和

---

① 《咸宁县志》卷四："敬时楼即今鼓楼。"
② 《陕西名胜古迹》，陕西省文物管理委员会编，1981 年：29.

鼓楼都进行了维修，对鼓楼的维修，仅仅记录了"爰与方伯帅公念祖计度财用，以授长安令王瑞集工而营之。腐者易以坚，毁者易以完，崇隆敞丽，灿然一新。"对具体的维修工艺等都没有记载。对钟楼的维修，也只记录了"既修鼓楼，并与方伯帅公谋而新之。"其余皆不详。在鼓楼上现存有《重修西安鼓楼记》石碑（图2.2重修西安鼓楼碑）作为记载。

原文：

诰授资政大夫巡抚陕西等处地方赞理军务兵部右侍郎兼都察院右副都御史鹤城张楷撰。

今上御极之三年，楷奉命移抚关中，始至今日，军旅甫息，岁不比登，民无盖藏，官无储积。乃课农功，禁糜耗，省苛□，一以休养为务。其秋，禾小稔；愈年，麦禾皆大稔。陇有赢粮，亩有遗粟，民不俟命而趋完官逋。粟百数十万，农用足而□蓄饶，男娶女嫁，礼兴讼息。于是，进有司而咨之约："古者兴作之事，必于岁半农隙之时，今所举宜奚先？"皆曰：鼓楼久不修将坏，爰与方伯帅公念族，计度财用，以授长安令王端集工而营之。腐者易以坚，毁者易以完，崇隆敞丽，灿然一新。登楼以望，则近而四邻万井九市百廛，烟连尘合，既遮且富之象，毕陈于几席。远而终南太乙二华九崚，云开雾隐，献珍效灵之致，群聚于户牖。其观览之盛，可谓壮矣。而寝兴有节，禁御以时，奸匿不生，民安其居，则又为政之要务。工成之月，楷荷恩赐御书，遂摹而奉悬于其上，俾秦民世世蒙天子之福，以于斯楼并永于无穷也，爰勒石以纪其事。

乾隆五年岁庚申正月毂旦立　咸宁学生李允宽书。

2. 清乾隆四十九年

清乾隆四十九年（1784年），由于鼓楼十字附近店铺失火，而由于"该处正在圜阓之中，街道狭窄，是夜风势甚急，尽力赶救至二鼓熄灭"。但从奏折上没有看出火势对钟鼓楼的具体影响及善后维修。国家档案馆保存的清代的奏折可以印证这一史实。

陕西巡抚毕沅奏报鼓楼大街失火案及事后处置

陕西巡抚臣毕沅跪奏为奏

闻事窃照西安省城鼓楼十字大街咸宁长安二县所管地方于十一月十八日戌刻店

图 2.2　重修西安鼓楼碑

铺失火，臣与将军都统司道即飞赶该处率同在省文武大小官员督令兵役铺户，民人等上紧补救。缘该处正在闹阓之中，街道狭窄，是夜风势甚急，尽力赶救至二鼓熄灭，随查讯，起火根由系朱元儿海菜店楼上炭火燃及竹筐纸壁以致楼房被焚延烧邻近铺面房屋，查共五十七间并未伤毙人口，其各店铺内火起系在更初时候多将货物搬往他处，烧毁尚属无多，至房屋皆殷实之家建盖出赁取租，均易修复，现已谕令照旧修建毋庸另议，抚恤除将失火之朱元儿照律治罪，查取该管地方文武各职名另行送部照例议处外理合恭折奏。

闻伏祈圣鉴谨奏

乾隆四十九年十一月二十一日

陕西巡抚毕沅奏报鼓楼大街失火案及事后处置（1）

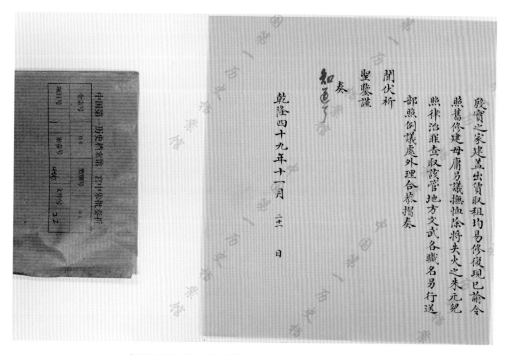

陕西巡抚毕沅奏报鼓楼大街失火案及事后处置（2）

3. 清乾隆五十二年

清乾隆五十二年（1788年），福康安奏请乾隆皇帝对钟鼓楼进行维修。奏折中对钟鼓楼的通高，进深等尺寸进行了基本描述，对二楼的破坏程度也进行了说明。当时，钟鼓楼柱木柁檩等俱已欹斜，榫卯走脱，顶部渗漏，木料腐朽，台基砖块剥落。由此可以看出当时钟楼楼的破损还是较为严重的。乾隆看了福康安的奏折后，派大臣对钟鼓楼的损坏情况进行了勘察，并拨款对其进行了维修。当时的做法是，对钟鼓楼原本就有的部件，可以使用的加固后继续使用，没法使用的，用新料进行更换。把顶部的小瓦改成了较大的布筒板瓦，有效地防止了雨水渗漏，同时对底座也进行了维修加高处理。这次对钟鼓楼的大修，记载较之以往较为详实，对后人的维修起到了一定的指导作用。

在国家第一历史档案馆查到的清代资料中也有清楚显示这次鼓楼维修的经过。

（1）福康安勘察钟鼓楼现状毕陈厉害奏请维修钟鼓楼

奏臣福康安跪奏为请修陕西省城钟楼座及潼关城垣仰祈圣鉴事写照陕西省会城垣年久损坏仰蒙皇上特发重币大加修葺于乾隆五十一年（1786年）九月钜工告竣，经臣会同永保奏蒙

钦差侍郎德成前往验收臣在兰州时永保曾以城内钟鼓楼及潼关城垣须次第修葺缘由札商会奏臣以业经恳请陛见应俟经过确勘赴都面奏等由札覆在嗣，臣仰蒙恩准进京。

陛见行抵西安将新修城垣逐加履勘，亲见崇闳巍焕，屹峙金汤，实足为万年巩固之计，惟城内原设钟楼鼓楼二座规制颇为壮丽，历年已久，现多坍损，二楼俱跨建市口业集之所，商贾辐辏，而会城为西陲重镇新疆蜀省来往交衢，若不一并兴修观瞻实多未？臣亲往勘察钟楼。一座四面各建三间，周围回廊见方六丈七尺，通高八丈一尺。鼓楼一座计七间，周围回廊通阔？十二丈六尺，进深六丈八尺五寸，通高七丈七尺二，楼柱木柁樑等项俱已欹斜，筒窑走脱头停渗漏橡板装修木植瓦片亦多糟朽破碎，其钟楼券台虽尚坚固但砖块业俱剥落必须补砌。至鼓楼券台券顶四面墙身俱已裂损均须拆砌。又潼关城垣一座建自唐时，自乾隆九年动项修葺之后迄今四十余载，现多坍损，经前抚臣毕沅奏明俟省城工竣再行估办在案。

臣于途次亲诣，勘查关城，倚严建造土身砖砌，周围计长一十一里二分，高二

三丈至七八丈不等，底厚一丈六尺，顶厚一丈一尺，实系城身剥落，城门楼座亦多坍损，查该处依山傍河为历来守险之地。

雒际此。圣世升，平原不藉资捍御，但界连晋豫究属屏障全秦，每年新疆伯克及川省土司朝觐往来，均属必由之路。自应亟为修葺俾一律完整以壮观瞻如蒙天恩俞允，即当同省城钟楼鼓楼一体捃节估计，造具妥确细册筹，歀请拨另行其具题。现在陕西抚臣巴延三来京，臣复与面商，意见相符，谨会同永保巴延三恭摺具奏，伏乞皇上睿鉴训示谨奏。

乾隆五十二年正月初四日

福康安勘察钟鼓楼现状毕陈厉害奏请维修钟鼓楼（1）

福康安勘察钟鼓楼现状毕陈厉害奏请维修钟鼓楼（2）

福康安勘察钟鼓楼现状毕陈厉害奏请维修钟鼓楼（3）

福康安勘察钟鼓楼现状毕陈厉害奏请维修钟鼓楼（4）（5）

（2）德成福康安巴彦三奏报钟鼓楼维修方案和预算

德成福康安巴彦三谨奏为遵旨会勘西安钟鼓楼座估计钱粮仰祈圣鉴事窃（？）。奴才德成钦奉渝旨令于川省收工完竣回京之便顺至西安会同巴彦三将钟鼓楼并潼关城垣祥悉履勘核实估计，奏问（？）理钦此。遵即率同员外郎恭安、主事沈涛、布政使秦承恩等详加履勘。查钟楼一座，四面各显三间，通面宽六丈七尺，周围廊，三重檐庑座，十三檩，四脊攒尖，安宝顶所造柱木柁樑、桁条、枋垫、斗科以及群（？）板栏杆门扇□槅□顶，俱多糟朽沉陷，歪扭脱落，头停椽望全部烂坏。内中大件木料细加拣选，有当堪应用并可橵接锛（？）补及改作别项小料者尽行使用，其余俱应添换新料。头停瓦片现多破碎，且旧瓦式样甚小，分陇窄狭，是以雨水不能畅流，每多

220

停蓄以致渗漏。今议改瓦三号布筒板瓦应无蓄水渗漏之虞，台身下见方十一丈，上见方十六丈六尺，高二丈七尺。券洞面宽一丈八尺五寸，中高一丈八尺，俱系城砖成砌，看来当属坚固自可无虞，另行拆砌其砖块间有脱落糟（？）之处，□为剔补，一律构抵完整。台顶海墁砖酥碎，全□旧土浮□滋生蔓草，应刨去浮土，找筑素土，一步灰上二步上墁新砖二层苫背一层。楼座台帮旧与台面相平，遇有雨水势必灌入浸沁有碍楼座柱脚，今估加高二尺，添安阶条台级等石，四面宇墙高三尺，马道长七丈二尺，宽一丈五尺，砖块糟碱均应添换新砖，照旧拆砌里皮象眼，添砌墙一道，长六丈一尺，折高一丈一尺四寸。灰砌城砖均计五进，并添安马道门楼一座。以上各工除旧料拣选抵用外，约需木柱（？）砖瓦等项银两万八千一百九十七两□□七钱九分七厘。

鼓楼一座计七间，通面宽十二丈□尺四寸，通进深六丈七尺二寸，三重檐庑座，十三檩歇山，成成造柱木柁樑、桁条、枋垫、斗科以及群（？）板栏杆门扇□楅等项，沉陷弯裂糟坏甚多，椽望全部朽烂，除当堪应用并可橇接锛（？）补及改作别项小料者仍□数□用，其余均应添换新料。头停旧□（音"袜"）瓦片情形与钟楼相同□应全行改□（音"袜"）□号布筒板瓦，可期经久。台身下面宽十二丈五尺，上面十六丈一尺，进深十一丈五尺，通高二丈九尺。四面墙身砖块糟碱膙裂应另行拆砌，今估下脚添安围屏石三层，上砌城砖下截八进中截六进上截四进，均计六进，拣选旧砖二进添用新城砖四进，背后应（？）刨土□，筑打素土。台根四面筑打灰土散水三（？）步。券洞面宽一丈八尺五寸，中高二丈一尺，券洞膙闪脱落，平水金（？）钢（？）墙大（？）多裂损，今估添安围屏石五层，下埋□石一层，上砌新城砖八进，□五伏（？）五券撞券灰砌城砖背后□刨土生筑打素土。台顶海墁砖块酥碱无存，以致旧土冲刷坍塌沉陷，应另筑素土二步，灰土二步，背□旧砖二层上墁城砖一层，苫背一层。楼座台帮添安台级更（？）换阶条等石。四面宇墙高三尺，马道长五丈五尺五寸，宽三丈八尺，砖块糟碱坍卸，应另行拆砌并添安马道门楼一座。以上各工除旧料拣选抵用外约需木柱（？）砖瓦等项银五万六千三百二十八两五分八厘。

统计二楼工程共约需物料、匠夫工价银八万四千五百二十五两八钱五分五厘正，臣在核算银粮间，臣福康安自京回任□抵西安，改□会同，谓加查勘意见相同。合将约估工料银两数目分析另议清单□。

御览恭候命下遵照办理

臣德成，巴彦三于三月初四日□□

德成福康安巴彦三奏报钟鼓楼维修方案和预算（1）

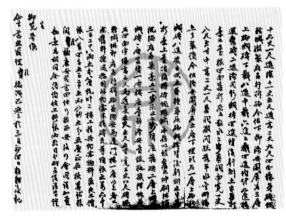

德成福康安巴彦三奏报钟鼓楼维修方案和预算（3）

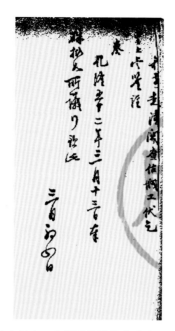

德成福康安巴彦三奏报钟鼓楼维修方案和预算（4）

（3）福康安和觉罗巴彦三奏报钟鼓楼维修工程各项目负责人员

臣福康安臣觉罗巴延三跪奏为奏派专员承办要工以重责成事窃为西安钟鼓二楼暨潼关城工经臣福康安臣巴延三奏准兴修。

钦差工部侍郎德成会同臣逐加堪估

奏奉

朱批俞□应即上紧备料鸠工以资兴作臣等伙查钟鼓楼座建造多年为省会观瞻所整目应整茸崇阙以垂久远。至潼关系入陕门户屹峙崇墉历□重镇因岁久泧（同渗）多坍损，不便再事因循前，抚臣永保曾向臣福康安商议兴修，臣福康安因未经履勘情形不敢□行入。

告□冬入

亲银经过该阙□加查勘，实系必须修理□经□□□奏请仰蒙特派大臣会同臣巴延三勘确估计需费一百三十余万之多，在圣主□会金汤重地不惜大费帑□期为万年巩固之计而在臣等肩并钜任工费浩繁，倍深警惕惟有详悉□维认真□□一切慎□□□必求事事精详□□一劳永逸仰□我皇上慎重□疆之至意。臣巴延三驻至西安即有钟鼓二楼目□□时□承□为修理其潼关距省甚近工程更□紧要尤必往来□□实力稽查。臣福康安□□维远□□维均更□时加意查察务俾工惕实用毋□丝毫侵冒偷

减惟念要□妥□全点经理之得人。查布政使秦承思精明练达，修事实心且出纳钱粮，
□□□专责所省一切工程□令□□□□其事其省城钟鼓楼座工程应责令地方□就近
承□李咸宁孙□□在所原系□□城工执手长安□怅信分□事谒真请即派该二员承修
西安府知府永明志成移转应派全该府捣理钱粮道硕长□前此精办西安城之事事精详，
不辞劳□此次钟鼓二楼工程应仍派全□□先潼□城垣员远砌石泊岸。工程浩大任重
钜贵繁尤须遴安然语工程之负兮定服□俾其实力□心经理臣详加选择，查乾州知州
高珺，华州知州汪以诚，洋府知府许光墓，安康府知府李常双□□□办理城工。执
手应派全□该负兮服承修其县属潼□□知樊士锋□勤□又系本富地方友乎，应较□
能不必经手钱粮，□应责全协同办理。又现署西安府事□安府知府徐大文才情敏练，
前曾承办城工实系□□之负所者。此次潼□一切工程应派全□府总理□潼，高道□
明驻□围城同州府知府冯思□潼关系其所属地方一切粮□查确应责成穰道府实力
□□如此责钜工九□□□而为□□庆之□□□自不敢蒙亦偷减□耗。帑金以期工程永
保□□金汤□其馀鉴工确料□□□杂人负臣等现在行□慎远具详以免酌□谨将□派
承修工负及责成□负总理□□□□□会同恭□具奏伏祈

　　皇上睿鉴谨奏

乾隆五十二年七月二十日奉

　　　　　　　　　　　　　　　　　　　　　　　　　　　　朕知道了　钦此

福康安和觉罗巴彦三奏报钟鼓楼维修工程各项目负责人员（1）

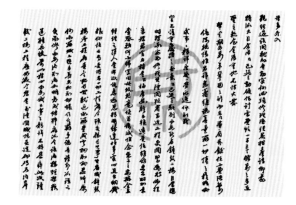

福康安和觉罗巴彦三奏报钟鼓楼维修工程各项目负责人员（2）

福康安和觉罗巴彦三奏报钟鼓楼维修工程各项目负责人员（3）

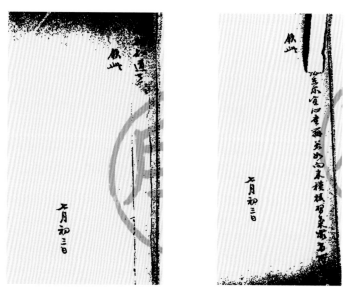

福康安和觉罗巴彦三奏报钟鼓楼维修工程各项目负责人员（4）（5）

第三章　西安鼓楼民国维修历史

　　鼓楼是西安重要的历史遗迹，民国时期对鼓楼的保护就比较重视，发现鼓楼破败时，先后两次对其进行维修，迁入文化机构希望加强对鼓楼的研究和保护。抗战期间，鼓楼门洞被改造成防空洞，为西安市民提供庇护，在日军敌机的轰炸下，鼓楼房顶被炸毁一部分，当时的政府着手对其进行招商维修。抗战胜利后，政府希望在钟楼和鼓楼中间修建钟鼓楼广场，以便市民集会，希望将鼓楼利用成为市民阅读的场所，并配合广场建设其周边道路进行改造，但因各种原因没有实现。从往来文件中，可以看出当时的维修已经有相关的程序步骤，订立合同，保证工期质量。

第一节　鼓楼整修

　　鼓楼在 1929 年（民国十八年）时曾被修整过，上层建筑大半完整，下层存在门窗缺损、地砖破碎、墙垣污损、栏杆不全、楼梯不整、瓦檐不齐等问题。1934 年（民国二十三年），政府派员详查鼓楼情况，并招工进行油漆刷新、门窗安设玻璃的工程。现存档案记录了当时工程的施工要求、经费预算等情况，为研究民国时期修整鼓楼工程提供了详实的资料。

第二节　综合修护

市政工程处为整修鼓楼工程呈省建设厅文

（中华民国二十三年九月七日）

　　奉厅长谕："饬将修理鼓楼计划详拟，以凭转呈省政府核办。"等因。奉此，遵即派员详细查勘，并招工头、油漆匠估计修理房屋及刷新门窗、梁柱各项，业将装置窗门需用玻璃费洋详细估计，并修理房屋及油漆工料费洋按工头呈具清单，以最廉价而合用者方许包做。谨将装置玻璃估计费清单及工头承包修理油漆费洋开单，随文呈赉钧厅鉴核，转呈省政府察夺，实为公便。

　　谨呈

建设厅厅长　雷[1]

　　附呈估工清单说明一件、包工单三件、略图二张[2]。

西安市政工程处处长　张丙昌

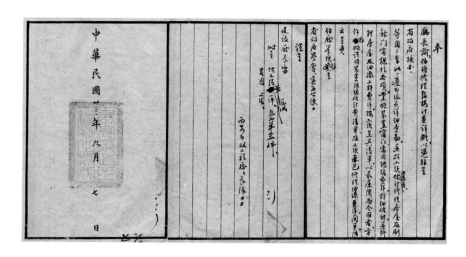

附　　　　　　　　修理鼓楼估工单说明

（一）土木修理

　　查省垣鼓楼于民十八年时，前市政府曾修理一次，上层大半完整，下层或缺断门窗或地砖破碎或墙垣污损外，有破厕所一座急宜拆除。其他砖、栏杆不全缺短，升斗及楼梯不整、瓦檐不齐等琐碎工程，今为省工料起见，招包工头多名，内以吴光彦工头为最少，共估工料洋一千三百三十元六角五分，附工单一件。

---

① 即雷宝华。

② 包工单、略图——佚。

（二）油漆修理

油漆一项，上下层均尚整洁，今为省工料起见，凡窗门栏杆均油绿色，上下层柱子均油朱红色，其余照旧有。工头张德估工最少，共估工料洋四百三十九元五角五分，附工单一件。

（三）玻璃

窗门均添设玻璃，今详为估计，共估洋一百七十八元三分，附单子一件。

以上三项共估工料洋一九四八元二角三分，又计洋十七元五角（安装玻璃工）。

中华民国二十三年十月

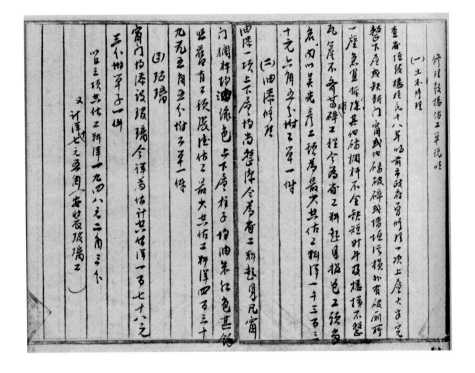

市政工程处为整修鼓楼及开辟火车站城门两案
包工情形、开工日期呈省建设厅文

（中华民国二十三年九月二十五日）

查奉谕修理本市鼓楼、开辟西安火车站城门及守望室两案，着均赶紧包工，火速修筑等因。当即招工投标，酌量选用，所有鼓楼土木工程包给工头齐思财，计洋一千一百元〇一角；油漆工包给工头张德全，计洋三百〇六元；两项合计共需洋一千四百〇六元一角。查鼓楼前估预算：（一）土木工需洋一千三百三十元六角五分；（二）油漆工需洋四百三十九元五角五分；（三）玻璃工料费需洋一百九十五元五角三分。土木油漆两项合计共〈需〉洋一千七百七十元二角，计实包需费较原估预算减省洋三百六十四元一角；至窗门玻璃，现正分向本地商家询问价格，俟核定后，当另由购料委员会订购备用，合行呈明。又，开辟火车站城门，先作拆城土工，着工头杨倍兴进行办理，议定以工作标准给价，每作土工市方一方四，给洋四角。所有合同刻正在进行拟订，俟订妥后再报备案，两项工程均于九月二十五日开工，积极修筑。所有包工情形及开工日期，理合先行备文呈报钧座鉴核，指示祗遵，实为公便。

　　谨呈

陕西省建设厅厅长　雷①

西安市政工程处处长　李仲蕃

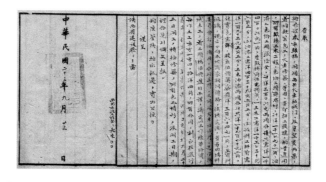

---

① 即雷宝华。

省建设厅为整修鼓楼及开辟火车站城门两案
给市政工程处处长的训令

第 592 号

（中华民国二十三年九月二十九日）

令西安市政工程处处长李仲蕃

查修理鼓楼及开辟西安火车站城门及守望室两案，所有设计图及工料估费预算，业经本厅编制，呈请省政府核示在案。兹奉省政府先后指令，内开："修理鼓楼房屋、装置玻璃、刷新梁柱工料费清单、略图，经提会议通过，令财政厅拨款。又，开辟西安火车站城门及守望室设计图、工费估计表，俟经会议核定后，再行饬遵，令先即日开工拆城。"各等因。奉此，合行检发修理鼓楼及开辟新城门两案设计图表暨预算书，令仰该处即便遵照，迅速先行招标拆修新城门，并将开工日期具文呈复，以凭核转为要。此令。

计抄发修理鼓楼及开辟新城门两案设计图表及预算书各一份（佚——编者）。

雷宝华

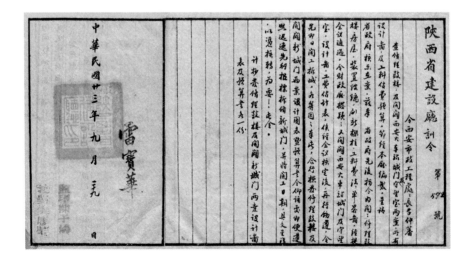

市政工程处为报送整修鼓楼及开辟火车站城门两案合同
呈省建设厅文

字第 48 号

（中华民国二十三年十月二十七日）

　　案查修理本市鼓楼及开辟西安火车站城门两案，业将包工情形及开工日期，呈报钧厅鉴核，并声明所有包工合同，俟订妥后即行赍核各在案。现在各项合同订立完竣，理合分别检齐，备文呈赍钧厅鉴核备案，实为公便。

　　谨呈

陕西省建设厅厅长　雷①

　　附呈　开辟火车站城门及城壕桥梁等工程包工合同一份、修理鼓楼土木工程包工合同一份、修理鼓楼油漆工程包工合同一份②。

西安市政工程处处长　李仲蕃

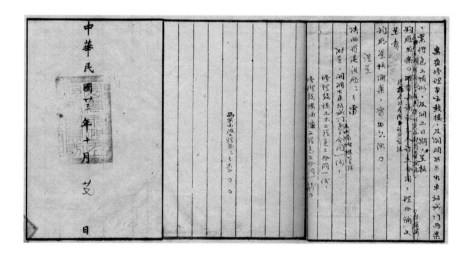

---

① 即雷宝华；

② 各份合同内容一样，故选其中一份。

附　　　　　　　　　　修理鼓楼土木工程合同

西安市政工程处（以下简称市政工程处）为修理鼓楼土木工程与承包人齐思财（以下简称承包人）订立合同如左：

第一条　市政工程处所指示鼓楼应行修理处所，承包人愿签字盖章，切实遵照办理，如上述规定之修理工程，承包人有认为不包括于本合同之内者，应在工程未进行之先以书面向市政工程处磋商，方为有效。

第二条　市政工程处对于本工程各部分得随时更改或增减，所有工料价值应按照承包人所填之单位价格计算。

第三条　本工程所有零琐之处，如有未尽指明者，承包人均应做全，不得另索造价。

第四条　承包人不得将本工程转包他人。

第五条　本工程自二十三年九月二十八日起动工，限定二十三年十月十八日完工，逾期得按照情形相当处罚。此项罚款，市政工程处得于应付工款内扣除之，如遇雨天或冰冻或暴风确难工作时，承包人须得有市政工程处监工员之签字证明，始得展限竣工。

第六条　本工程所需之人工、物料、工具、竹篱以及各种生力之法统归承包人负担，所有本工程需用之材料，业经市政工程处认为不合格者，承包人即须搬运出场，已经认为合格之材料，非经市政工程处许可，不准他运。

第七条　工程进行时，承包人须负工人安全之责，如承包人设备不周，市政工程处认为有妨害公安时得指示纠正之，承包人即须遵照办理。

第八条　承包人应于工作地点日间设置红旗，夜间悬挂红灯，倘有疏忽，以致发生任何意外之事，均由承包人负责。

第九条　承包人须派遣富有工程经验之监工人常川在场督察，并须听从市政工程处监工员指挥；如该监工人不称职时，市政工程处得通知承包人撤换之。

第十条　本工程于任何时间，如经市政工程处查有与原订式样不符之处，得责令承包人立即拆卸，并依照规定之工料重建，所有时间及金钱之损失概归承包人负担。

第十一条　凡遇不适宜工作之天时，承包人应遵照市政工程处监工员之指示，将工程全部或一部分暂停，并须设法保护已成之工程，以免损坏。

第十二条　本工程于开工之后、完工之前，其已成之工程概由承包人负责保管。凡一切意外损坏等不测事项，所受之损失由承包人完全负责。

第十二条　苟承包人无故停止工作或延缓履行合同时，经市政工程处书面通知后，三日内仍不遵照工作，得由市政工程处一面通知保证人，一面另雇他人工作。所有场内之材料、器具、设备等概归市政工程处使用，而其续造工程之费用及延期损失等，市政工程处得由工程造价内扣除之，不足之数应归保证人赔偿。

第十四条　工程进行中倘损及公私建筑物，均由承包人负责赔偿。

第十五条　全部工程验收后，承包人应保固五年。倘于保固期内本工程发现裂缝或倾陷等情，市政工程处认为系由物料不佳或工作不善所致者，承包人应负责出资修理，不得藉词推诿。

第十六条　本工程标价为壹仟壹佰元零壹角。

第十七条　承包人遇有意外事故不能负责时，本合同之责任仍应由保证人负担，所有市政工程处另雇他人续造之工价及一切损失，并由保证人赔偿。

第十八条　本合同缮成同样三份，一份呈送建设厅备案，一份存市政工程处，一份由承包人收执。

中华民国二十三年十月三日

西安市政工程处　　　（章）

承包人　齐思财

住　址　夏家什字门牌六十八号

保证人　公议米店　　　（章）

住　址　竹笆市街门牌112号

省建设厅为整修鼓楼工程增加费用数目及办理情形
给市政工程处处长的训令

第 771 号

（中华民国二十三年十一月一日）

令西安市政工程处处长李仲蕃

案查修理鼓楼一案，前经该处造具工费估计预算，并将包工情形、开工日期先后呈转省府核准在案。嗣奉主席面谕："饬将鼓楼房顶油成青天白日旗颜色，并在楼上加盖小厕所一处；原有平坡上下道应改成阶级以便行走；旁有民家厕所令即移开，并与西京金石书画会接洽，照作临时隔墙，须顾及美观，不得损坏建筑物。"各等因。当已分别遵办，惟上述增加各项工程用费，需款虽属不多，前未列入预算，当经由厅造具增加工程估费表一纸，连同厕所蓝图及青白色标样板一支，赍请查核示遵在案。兹奉省政府第 8411 号指令内开："呈件均悉。应即赶速分别修筑，俟工竣后一并核实支销。房顶漆色须就原赍四种标样中择其最鲜明者油刷，以壮观瞻。除令财政厅知照外，仰即知照。赍件存。此令。"等因。奉此，合行检发厕所蓝图及青白色标样板各一件，令仰该处遵照办理，所有增加工程费实支实销，仍将办理情形、需费数目，呈报查核，以凭转报为要。

此令

附发厕所蓝图及青白色标样板各一件（佚——编者）。

雷宝华

市政工程处孙国梁为鼓楼装镶玻璃费用及日期给该处处长的签呈

（中华民国二十三年十一月九日）

　　查鼓楼装镶玻璃原价一百九十五元五角三分，现与永盛和订妥，共计价洋一百四十五元。自本月十日做起，十一日完工。特此呈报，敬请鉴核。谨呈

　　处长　李①

　　附呈单据一纸（略——编者）。

职　孙国梁　签呈

　　批示：照准。

李仲蕃（章）

十一月九日

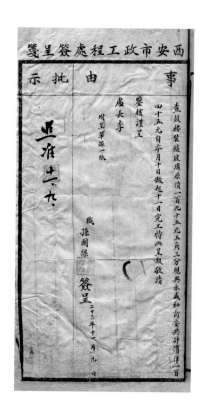

---

① 即李仲蕃。

市政工程处孙国梁为请公安局派警保护并管理鼓楼给该处处长的签呈

（中华民国二十三年十一月十七日）

查鼓楼为本市之古迹，又经本处此次修理刷新，似应咨请公安局派警保护并随时管理，以副［负］保存古迹之至［职］。意可否，祈鉴核示遵。谨呈

处长　李①

职　孙国梁　签呈

批示：应将工竣日期及寔用工料款数详开，呈厅转报省府。

李仲蕃（章）

十二月十七日

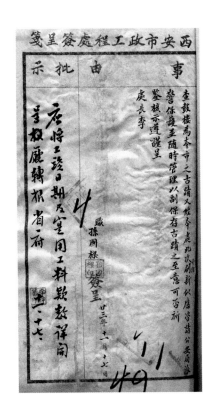

---

① 即李仲蕃。

市政工程处为陈报整修鼓楼工程工作情形呈省建设厅文

（中华民国二十三年十一月二十一日）

呈，为呈报事。查鼓楼土木工程及油漆修理、安装玻璃各项包工情形、开工日期，业于九月二十五日呈报在案。兹查该各项工程刻已陆续完工，并经本处验收，尚无不合。理合将工作情形列表呈报，敬祈鉴核转报备查。

谨呈

陕西省建设厅厅长　雷①

计呈送：鼓楼修理工程呈报单一份。

西安市政工程处处长　李仲蕃

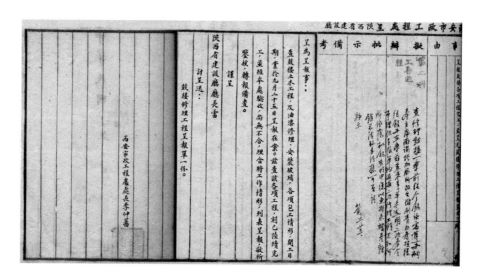

---

① 即雷宝华。

附　　　　　　　　　　**鼓楼修理工程呈报单**

工程名称	承包人	承包人住址	开工日期	完工日期	估计价格	承包价格	工程范围
第一次土木修理	齐思财	涝巷鞋匠会馆	九月二十八日	十月二十八日	1330.65	1100.10	普遍修理
第一次油漆修理	张德全	举院门南口天顺成五六号	九月二十八日	十月二十八日	439.55	306.00	普遍修理
第二次土木修理	齐思财	同前	十月二十九日	十一月十六日	237.50	170.00	厕所隔板等
第二次油漆修理	张德全	同前	十月二十九日	十一月十六日	396.70	240.00	第一层东二间及中四间屋顶油漆
安装玻璃窗门	永盛和	竹笆市西涝巷口北边		十一月十九日	195.53	145.00	全楼所有门窗

市政工程处为请验收整修鼓楼工程呈省建设厅文

（中华民国二十三年十二月三日）

　　案查奉令修理鼓楼第一次土木工程及油漆修理、安装玻璃各项包工情形及开工日期，业于九月二十五日呈报在案。嗣奉钧厅第七七一号训令略开："以奉主席面谕：'饬将鼓楼房顶油成青天白日旗颜色，并在楼上架盖小厕所一处，原有平坡上下道应改成阶级以便行走，旁有民家厕所令即移开。'各等因。经由厅造具增加工程估费表一纸，连同厕所蓝图及青白色标样板一支，赍请核示。奉令应即赶速分别修筑，俟工竣后一并核实支销。房顶漆色就四种样标中择其最鲜明者油刷，以壮观瞻，饬即遵照办理。"等因。附发厕所蓝图及青白色标样板各一件。奉此，遵即按照图样、颜色标样及所示修改阶级式样切实估计，继续修筑。第一次工程系于十月二十八日完工，第二次工程于十月二十九日开工、十一月十九日完工，先后共计需费洋一千九百六十一元一角。理合将工作情形列表呈报钧厅鉴核，派员验收，并请转报备查，实为公便。

　　谨呈

陕西省建设厅厅长　雷①

　　计呈送：鼓楼修理工程呈报单一件（略——编者）。

西安市政工程处处长　李仲蕃

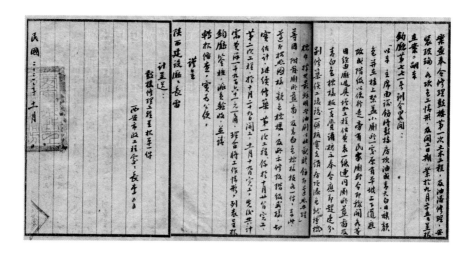

市政工程处孙国梁为鼓楼西首大木柱补油工料费给该处处长的签呈

（中华民国二十三年十二月八日）

　　顷奉手谕："以奉主席面谕，令将鼓楼西首半间内之大木柱补油，并将工料价目加入呈报。"等因。遵将原承包人张德全招至，订明工料价洋二十四元。可否，

---

① 即雷宝华。

祈鉴核示遵。谨呈

处长　李①

　　　　　　　　　　　　　　　　　职　孙国梁　签呈

　　批示：照准。

　　　　　　　　　　　　　　　　李仲蕃（章）

　　　　　　　　　　　　　　　　十二月十日

省政府为验收整修鼓楼工程事给市政工程处的指令

第 309 号

（中华民国二十四年一月二十八日）

令市政工程处

呈一件，同前由。

呈悉。据报修理鼓楼工程次第完竣，业经派员验收，当无不合。除呈报省政府外，仰即知照。

此令

雷宝华

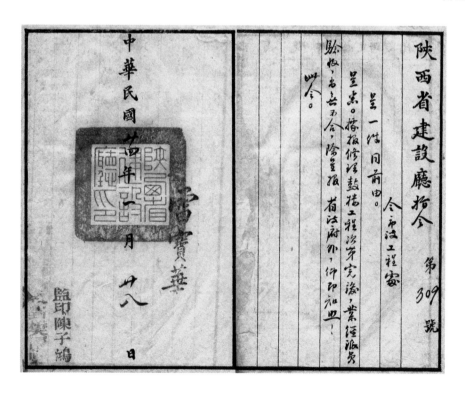

省建设厅为从速造报整修鼓楼工程增加费用给市政工程处的训令

第 398 号

（中华民国二十四年三月十六日）

令市政工程处处长李仲蕃

案奉省政府第一一八八号训令内开："案据财政厅厅长宁升三呈称：'案奉钧府第六五一号训令略开："据建设厅呈报鼓楼修理工程次第完竣，经派员验收，附赍工程价值单，请核备一案，经一六三次会议议决交财厅核销。抄发原呈单，饬厅遵办具复备查。"等因。奉此，查此案前据建设厅呈奉钧府，令准于预算外增加洋六百余元，饬于工竣后核实支销在案。兹查奉发原单，核与原预算仅增加洋二十三元三角七分，自应照准。除俟此项报销奉发到厅再行核复外，理合备文呈请鉴核备查。'等情。据此，查此案前经本府委员会议议决，交财政厅准予核销，并令该厅转饬取据报销在案。兹据前情，合行令仰该厅长遵照前今各令，迅即转催市政工程处从速取具〔据〕报销为要。此令。"等因。奉此，除呈复外，合行令仰该处长即便遵照，从速造报，以凭核转，毋再延搁为要。

此令

雷宝华

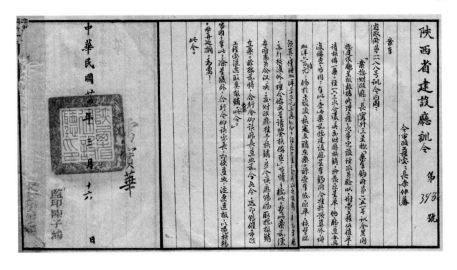

市政工程处为核销整修鼓楼工程增加费用呈省建设厅文

（中华民国二十四年六月二十九日）

案查上年十月间，奉令装修鼓楼工程，业经本处详细估计共需工料洋一千九百六十五元七角三分，遵即承领在案。正修理间，旋奉钧厅第七七一号训令，以奉主席面谕，饬将鼓楼天板油成青天白日式样，并架盖小厕所、台阶各工程。遵即照办，先后工竣。除工竣日期呈报验收外，兹将开支情形连同交下添修洗像房工料洋三十九元九角，共不敷洋五十九元二角七分，理合一并造具计算书暨单据粘存簿，备文呈赍钧厅转呈省政府核销，并饬补发不敷洋五十九元二角七分整，实为公便。

谨呈

陕西省建设厅厅长　雷①

附呈 计算书三份、单据粘存簿乙本，印领乙纸另送。

西安市政工程处处长　李仲蕃

附

西安市政工程处修理鼓楼
收支对照表

中华民国二十四年　　　月份

收　入										摘　要	支　出									
千	百	十	万	千	百	十	元	角	分		千	百	十	万	千	百	十	元	角	分
			1	9	6	5	7	3		本工程实领数目										
										支出之部										
										土　木				1	2	7	0	1	0	
										油　漆					5	7	0	0	0	
										玻　璃					1	4	5	0	0	
										建筑洗像房						3	9	9	0	

---

① 即雷宝华。

续表

收　　入										摘　　要	支　　出									
千	百	十	万	千	百	十	元	角	分		千	百	十	万	千	百	十	元	角	分
				5	9	2	7			本工程应领数目										
					2	0	2	5	0	0	总　　计					2	0	2	5	0	0

长官　李仲蕃（章）　　　　　　　　　　　　　　　　会计

省建设厅为知照整修鼓楼工程费用事给市政工程处的训令

第 268 号

（中华民国二十五年二月二十五日）

令市政工程处

案查前据该处呈赍装修鼓楼费用支出预计算书、表、单据，请核到厅，当经转呈省政府令发财政厅查核在案。兹准财政厅咨开："案奉陕西省政府第一一陆肆玖号指令内开：'据本厅二十四年十月二十五日呈报，查核西荆公路工务所蓝商段测量费、西安市政工程处装修鼓楼用费各支出预计算书、表、单据，列数均符，汇缮审查表呈请核销一案。'奉令'呈表均悉。应予备查，仰即知照，并转咨建设厅水利局查照，分别饬知。表存。此令。'等因。奉此，查此案前奉省政府先后令发上项各书、表、单据，饬查核办理到厅。当经逐加审核，列数均属相符，遂即汇缮审查表呈请核销在案。兹奉前因，相应咨请查照，分别饬知为荷。此咨。"等因。准此，除分行外，合行令仰该处知照。

此令

雷宝华

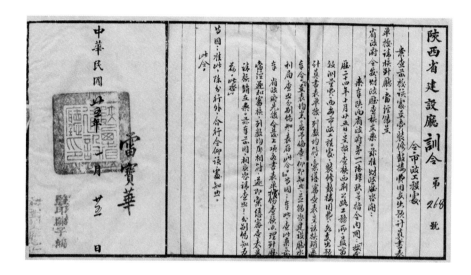

第三节　修建鼓楼传达室

西京市金石书画社（学会）① 成立时，会址临时设在西安南四府街，1934 年 10 月前后，由国民政府军事委员会委员长西安行营总务处签发公函准予转址至鼓楼，因为鼓楼是一座历史建筑，而该会的宗旨是"艺术救国"，将该会迁至鼓楼是为了

---

① 1932 年，张寒杉应聘在西安为杨虎城夫妇讲授文史和中国书画，为了便于交流和研讨，张寒杉、寇遐、党晴梵、锻绍嘉、陈尧廷等于 1933 年 7 月 26 日在杨虎城、邵力子的支持下，共同发起成立了"西京金石书画学会"。学会的创立不仅仅是为了艺术交流与研讨，更是为了"艺术救国"。学会的会址起初定在西安南四府街公字二号，1934 年 10 月前后迁至鼓楼。该会从 1935 年开始发行刊物《西京金石书画集》，至西安事变终止，共出版刊物 5 期，直接推动了陕西省书画事业的繁荣与发展，对陕西省书画事业产生了深远的影响。引用西安美术学院秦洁硕士论文《西京金石书画学会的组织、宗旨及成就》中的相关内容。

保护历史古迹，弘扬地方文化。1935 年政府批准为该会在鼓楼上修建传达室。

第四节　修建鼓楼传达室

市政工程处为报送修建鼓楼传达室工程相关文件呈省建设厅文

（中华民国二十四年二月十六日）①

案查前奉钧座面谕，饬令设计鼓楼传达室房屋工程，遵即赶照设计，现已就绪。理合将设计图、说明书及估价单具文呈赍钧厅鉴核转送，并祈指示祷遵。

谨呈

陕西〈省〉建设厅厅长　雷②

计 呈送鼓楼传达室设计图二张（略——编者）、说明书及估价单一份。

西安市政工程处处长　李仲蕃

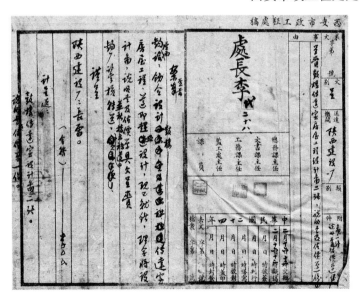

附　　　　西京市金石书画社①拟建传达室说明书及估计单

说　明　书

一、**总则**　该工程做法、式样照包工规则与本说明书及图样对照为准，但细微之处、说明书及图未详明者，工程师临时指定之。所有尺寸皆以公尺为准。

二、**地槽**　先照图上尺寸订线桩、撒灰线、挖足，三面取平，将地槽打坚，请工程师查验无讹，方可打基。

三、**地基**　先将地槽洒水润湿并将三、七灰土在平地上调匀，将大小砖瓦石块捡出，土块打为土末，洒水润湿（洒水多少须视土之原湿度斟酌定之，其湿度以手握之成块，落于地上仍可为末为准），即分二层倒于地槽内，先后分别取平，先用铁锤打三遍，再用一人力平底石夯，打至光润黑明为准。

四、**接基**　先将足色响亮之青砖用淡水浸五分钟，并将地基上面扫净，洒水润湿，即用青砖及三、七搀灰泥，照图上高、宽尺寸垒于灰土地基之上为接基。至于门窗券顶、三层砖调［挑］檐等处工料与接基同。

五、**墙壁**　先将暗柱、大梁等上妥架固后，除各门窗券顶、调［挑］檐等处，用砖垒砌，已如上述外，所有墙壁均用土坯（即胡基）垒砌到顶。

六、**门窗**　各门窗皆照图上尺寸，用杨木制造。门框十二与八公分方，边门十五与五公分方，装板厚三公分，皆用双筍，外加铁拐角钉固，按［安］三吋折页，拐把铁锁。窗框七与四公分方，窗边六与五公分方，双筍，铁拐角二吋折页，三吋插销。门窗口均为拐错口，皆用油泥镶广玻璃，上清油一遍、绿大油二遍、亮油一遍。

七、**房架**　接基完竣时，即照图上尺寸，先按［安］立暗柱、上大梁、义手、檐檩等，按［安］妥立固后，各大梁两端墙内部份及暗柱檐檩、檐椽、墙顶部份等周身均厚涂臭油（即柏油）。各墙完竣，再将图上其他梁、檩、椽子，按［安］固

---

① 西京金石书画社（学会）成立于1934年初，位于鼓楼上。

钉坚，所有木料均用无大疤节之杨木，橡子中至中二十五公分，所用铁件、钉子，均须请工程师检查许可而后用之。

　　八、房顶　房架完竣后橡子以上铺苇箔一层，泥麦穰泥，干插单行瓦。

　　九、墙皮　接基各门窗卷顶、调〔挑〕檐砖垒向外部份均抹平缝，刷青浆插线缝，其余内外墙皮均泥麦穰泥、线筋泥各一层，务以光平为准。

　　十、铺地　先将屋内地用土垫平、打坚、取平，再用挽灰泥铺青砖，细沙灌缝，总以平正坚实为准。

　　十一、完工　先将所有器具、废料、灰土，搬运扫除净尽，经工程师检验完美，呈报验收后方为完工。

估 价 单

项　目	工　料			单　价		共　价		备　考
	类别	数量	单位	元	角	元	角	
一	挖　槽	5.60	公立方	0	20	1	12	
二	灰土基	4.51	同上	3	00	13	50	
三	砖　墙	4.43	同上	3	00	57	59	卷顶调〔挑〕檐在内
四	坯　墙	17.64	同上	3	00	52	92	
五	门　窗	3.90	公平方	6	00	23	40	铁件油漆玻璃在内
六	暗　柱	4.00	根	3	00	12	00	
七	大　梁	2.00	根	4	00	8	00	
八	义　手	4.00	同上	3	00	12	00	
九	立　柱	2.00	同上	0	30	0	60	
十	小义手	4.00	同上	0	20	0	80	
十一	檩　子	5.00	同上	5	00	25	00	
十二	橡　子	32.00	根	1	00	32	00	
十三	房　顶	22.50	公平方	0	80	18	00	
十四	铺　地	9.80	同上	0	70	6	86	

　　共计工料费洋二百六十三元七角九分，外加百分之五预备费二百七十六元九角八分。

市政工程处职员为建筑鼓楼传达室招标情形
给该处处长、标单审查委员会的签呈

（中华民国二十四年二月二十六日）

二十五日奉厅长、处长面谕，鼓楼传达室房屋即日招工建筑，遵即招集各家工头投标，计共三家列表比较如下：

本处呈厅估价　　　　二七六·九八元

一、工头许清美　　　四一五·一四元

二、豫新公司　　　　第一次 二九四·一〇元 第二次 二七二·三〇元

三、同义工厂　　　　二五九·九〇元

附呈标单四份，并本处图样估计、说明书等。恭请李①处长、标单审查委员会审核。

□□□（章）

二月二十六日

附

　　① 包工　许清美

　　谨将金石书画社传达室估价照图做法工料价目开列于左：

　　计开

青砖捌方伍寸公方	每方壹拾叁元陆角	共合大洋壹百壹拾贰元陆角
挖土陆方叁寸叁分陆	每方叁角整	共合大洋壹元玖角整
夯灰土陆方	每方贰元整	共合大洋壹拾贰元整
铺地砖平方玖方陆	每平方壹元壹角整	共合大洋拾元零伍角陆分
胡基拾肆方贰寸肆	每方叁元陆角	共合大洋伍拾壹元肆角捌分
檩条伍根	每根伍元整	共合大洋贰拾伍元整
椽子叁拾根	每根柒角整	共合大洋贰拾壹元整

---

① 即李仲蕃。

249

苇箔拾伍方　　　每方伍角整　　　　共合大洋柒元伍角整

大梁贰根　　　　每根陆元伍角　　　共合大洋壹拾叁元整

义手小柱子拾肆根　每根贰元整　　　共合大洋贰拾捌元整

洋钉伍斤　　　　每斤肆角整　　　　共合大洋贰元整

麦草叁百斤　　　每斤壹分贰厘　　　共合大洋叁元陆角整

白灰壹千斤　　　每斤壹分叁厘　　　共合大洋壹拾叁元整

瓦拾伍方　　　　每平方贰元壹角　　共合大洋叁拾壹元伍角整

窗子贰个　　　　每个柒元整　　　　共合大洋壹拾肆元整

大门壹合　　　　代铁锁合叶　　　　共合大洋壹拾元整

木工贰拾名　　　每工捌角整　　　　共合大洋壹拾陆元整

泥工陆拾名　　　每工柒角整　　　　共合大洋肆拾贰元整

以上总共合大洋肆百壹拾伍元壹角肆分整。

谨呈

市政工程处鉴核

包　商　许清美

住　址　中山大街五百五十九号

中华民国二十四年二月二十五日

②豫新公司　余济武

计长 4.42 公尺　　宽 3.72 公尺

料　别	单　位	数　量	尺　寸	单　价	总　价
大　梁	根	2	15ϕ 3.7	6.00	12.00
立　柱	根	4	15ϕ 2.4	3.00	12.00
桶　子	根	2	7ϕ 1.3	1.00	2.00
斜　撑	根	4	5ϕ 0.8	0.60	2.40
人字撑	根	4	10ϕ 2.5	2.00	8.00
檩　子	根	5	13ϕ 4.3	5.00	25.00
椽　子	根	40		0.60	24.00
簿　子	领	6		1.20	7.20

续表

料　别	单　位	数　量	尺　寸	单　价	总　价
灰　土	方	6.3		1.00	6.30
青　砖	个	2000	@1000	18.00	36.00
门	个	1		16.00	16.00
窗	个	2		9.50	19.00
瓦	个	2500	@1000	9.00	22.50
钉　子					1.50
土　培	个	3200		12.00	38.40
连　檐					1.00
工　价	个	65		0.60	39.00
总　计	272.30				

投标人　豫新公司　余济武

③同义公司　刘新林

呈　开

西安市政工程处建设西京金石书画社传达室房舍一座，尺寸、样式照图做起工料开列于后：

用瓦肆千页　　　　　　每百陆元　　　　　合洋贰拾肆元

用箔子肆串　　　　　　每千壹元伍角　　　合洋陆元

用松木椽叁拾柒根　　　每根柒角　　　　　合洋贰拾伍元玖角

用杨木檩壹拾根　　　　每根贰元　　　　　合洋贰拾元

用杨木担子壹根　　　　　　　　　　　　　合洋捌元

用杨木大小斜撑五根　　每根壹元陆角　　　合洋捌元

用钉子伍斤　　　　　　每斤贰角　　　　　合洋壹元

用麦草贰百斤　　　　　每百壹元　　　　　合洋贰元

用土基肆千页　　　　　每百捌角　　　　　合洋叁拾贰元

用砖贰千页　　　　　　每百壹元陆角　　　合洋叁拾贰元

用石灰肆百斤　　　　　每百贰元　　　　　合洋捌元

用连檐贰根	每根壹元	合洋贰元
用杨木门壹盒		合洋捌元
用杨木窗壹盒		合洋陆元
用人工壹百贰拾名	每名陆角	合洋柒拾贰元
用杨木柱子贰根	每根贰元伍角	合洋伍元

共合工料洋贰百伍拾玖元玖角整。

　谨呈

工程师　转请

处　长　鉴核

包工人　刘新林

中华民国二十四年二月二十六日　具

批示：请标单审查委员会审核

李仲蕃（章）

二月二十六日

批示：审核标单以同义工厂标价最低，应准于承包，即日兴工。

韩灿之（章）

二月二十六日

市政工程处为修建鼓楼传达室工程办理情形、开工日期呈省建设厅文

（中华民国二十四年二月二十七日）①

　　查鼓楼传达室设计图、说明、估计单，业经呈送在案。兹奉钧座面谕，饬将该项房屋工程即日招工承包，遵即招集各工头按图投标，计有工头许清美标价四一五·一四元、豫新公司二七二·三〇元、同义工厂二五九·九〇元三家报定标单，呈请钧厅标单审查委员会审核，以同义工厂二五九·九〇元标价最低，准予承包。窃即责令该承包人于二月二十七日开始动工，理合将办理情形、开工日期，呈报钧

---

① 此为拟稿时间。

厅鉴核备查。

　　谨呈

陕西省建设厅厅长　　雷①

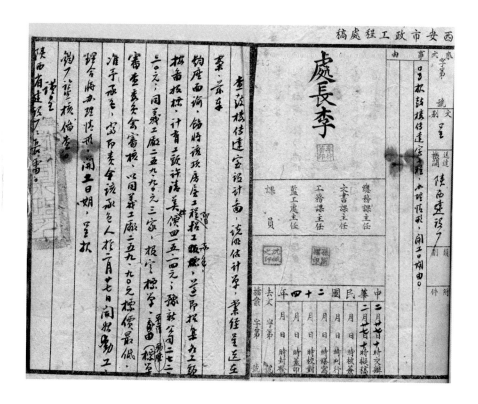

省建设厅为克日督工修筑鼓楼传达室工程给市政工程处的训令

第 426 号

（中华民国二十四年三月二十一日）

令西安市政工程处

　　案奉省政府指令第 2248 号内开："呈件均悉。应予照准，除抄发原估单，令财政厅照拨工费外，仰即转饬具领，克日督工修筑，并饬将办理情形具报查考为要。赍件存。此令。"等因。奉此，合行令仰该处遵照办理，并随时报查为要。

　　此令

雷宝华

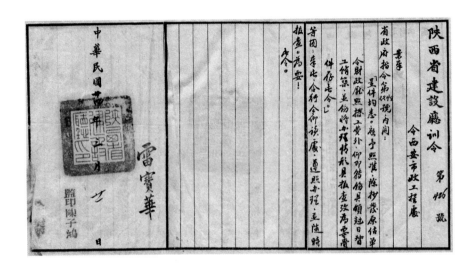

省建设厅为修筑鼓楼传达室工程费用实报实销给市政工程处的训令

第 445 号

（中华民国二十四年三月二十三日）

令西安市政工程处

　　案奉省政府指令第二三一七号内开："呈悉。准予备查，除令财政厅知照外，仰仍于工竣后，实报实销为要。此令。"等因。奉此，合行令仰该处遵照。

　　此令

雷宝华

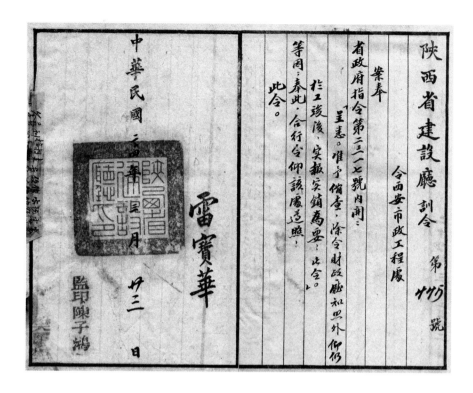

市政工程处张羽甫为验收修建鼓楼传达室工程情形给该处处长的签呈

（中华民国二十四年四月二日）

奉批验收鼓楼传达室工程，遵即前赴勘查，该房屋形式大致与图样尚无不符之处，惟各门窗上砖砌平拱皆现细微裂缝，想系受土基墙压缩之影响，于外观坚固上俱有妨碍。除该包工修葺外，签呈处长鉴核。

张羽甫　签呈

批示：责成穆①技士令其赶速修补呈报后，再行核验。

李仲蕃（章）

四月二日

---

① 即穆忠信。

市政处穆忠信为鼓楼传达室门窗上平拱裂缝已补请再验收给该处处长的签呈

（中华民国二十四年四月四日）

　　鼓楼传达室门窗砖切［砌］平拱，受土壁之重压，微现裂缝，已饬其承包工头于四月二日补葺完竣，请再验收。谨呈处长鉴核。

职　穆忠信　签呈

　　批示：张①总监工核验，呈厅备查。

李仲蕃（章）

四月五日

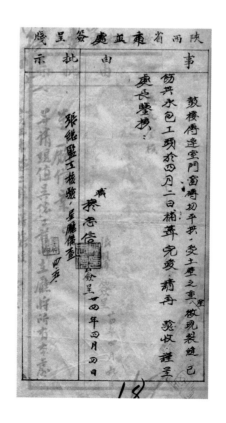

---

①　即张羽甫。

市政工程处为修筑鼓楼传达室工程情形呈省建设厅文

（中华民国二十四年四月四日）①

案奉钧厅第四二六号训令内开："案奉省政府指令第 2248 号内开：'呈件均悉。应予照准，除抄发原估单令财政厅照拨工费外，仰即转饬具领，克日督工修筑，并饬将办理情形具报查考为要。赍件存。此令。'等因。奉此，合行令仰该处遵照办理，并随时报查为要。此令。"等因。奉此，查前由本处设计修筑鼓楼传达室房屋，经招商承估，以同义工厂估计二五九·九〇元标价最低，曾检同房图、标单等呈奉钧厅指令核准，遵于二月二十七日开工，并已具文呈报鉴核备查各在案。现在此项房屋业于三月二十四日工竣，除已派员验收，并签请将工料价款核发该商具领外，理合备文呈请钧厅鉴核转报，实为公便。

谨呈

陕西省建设厅厅长　雷②

市政工程处张羽甫为再验收修建鼓楼传达室工程情形给该处处长的签呈

（中华民国二十四年四月九日）

查鼓楼传达室门窗砖砌平拱微现裂缝，饬包工人修葺。兹拟穆工程师忠信呈报修补完竣，奉批前往该处核验，所称属实，理合签呈处长鉴核。

张羽甫　签呈

---

① 为拟稿时间；
② 即雷宝华。

批示：呈厅备案，并请现值吴总工程师在厅将所有本处完工未验工程一并验收。

李仲蕃（章）

四月九日

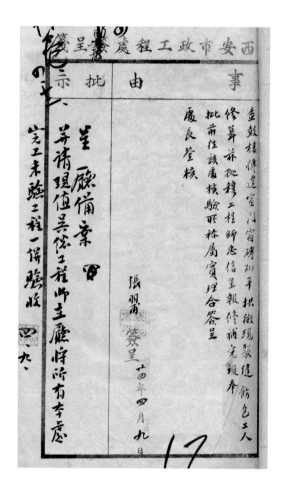

市政工程处为核销修理鼓楼传达室工程费用呈省建设厅文

字第 442 号

（中华民国二十四年十二月二十五日）

案查修理鼓楼传达室工程，业经本处招工承修完竣，兹将领到工程费洋贰百柒拾陆元玖角捌分，投标结果仅开支二百五十九元九角。理合编造计算书、表暨单据粘存簿，备文呈请钧厅鉴核，转送建设委员会核销，实为公便。

　　谨呈

陕西省建设厅厅长　　雷①

　　附呈　计算书三份、对照表三份、单据粘存簿一本。

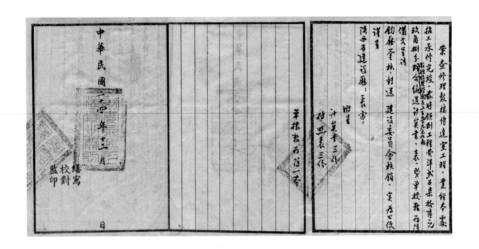

西安市政工程处
修理鼓楼传达室工程费收支对照表

中华民国二十四年三月份

收　入										摘　要	支　出									
千	百	十	万	千	百	十	元	角	分		千	百	十	万	千	百	十	元	角	分
										收入之部										
				2	7	6	9	8		由建设厅领到修理鼓楼传达室工程费洋										
										支出之部										
										修　理　费						2	5	9	9	0

---

① 即雷宝华。

收　入										摘　要	支　出									
千	百	十	万	千	百	十	元	角	分		千	百	十	万	千	百	十	元	角	分
										结　存							1	7	0	8
						2	7	6	9	8	总　计						2	7	6	9	8

长官（章）　　　　　　　　　　　　　　　　　会计主任（章）

省建设厅为解送修理鼓楼传达室工程节余费给市政工程处的指令

第 202 号

（中华民国二十五年一月二十一日）

令西安市政工程处

二十四年十二月二十五日呈一件，同前由。

呈件均悉。已转呈省政府鉴核矣，仰将节余洋壹拾柒元零捌分，从速解厅，以凭呈缴。附件分别存转。

此令

　　　　　　　　　　　　　　　　　　　　　　　　　雷宝华

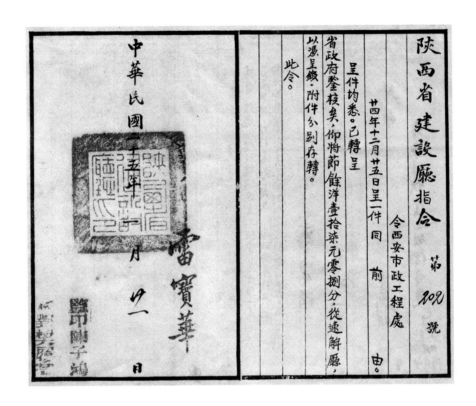

省建设厅为知照修理鼓楼传达室等工程费给市政工程处的训令

第 826 号

（中华民国二十五年五月十五日）

令市政工程处

案查前据该处呈赍修理鼓楼传达室工程费支出预计书、表、单据，请核销到厅，当经转呈省政府令发财政厅查核在案。兹准财政厅咨开："案奉陕西省政府第肆伍零捌号指令内开：'据本厅本年三月字号呈报查核建设厅，查勘原庆公路三原至甘边段及续测邠枸路踏勘费，暨复修凤陇公路临时费、西安市政工程处修理鼓楼传达室工程费、汽车管理局所属护路工警队二十三年冬季服装费、省会电话局二十四年七月分临时费，各支出预计算书、表、单据，列数均符，缮具审查表，呈请分别核销一案。'奉令：'呈表均悉。应予备查，仰即知照，并转咨建设厅分别查照饬知。表存。此令。'等因。奉此，查此案前奉省府先后令发上项各书、表、单据，饬查核办理到厅，当经逐加审核，列数均属相符，遂即缮具审查表呈请分别核销在案。兹奉前因，相应咨请查照，分别饬知为荷。此咨。"等因。准此，除分行外，合行令仰该处知照。

　　此令

　　　　　　　　　　　　　　　　　　　　厅长　雷宝华

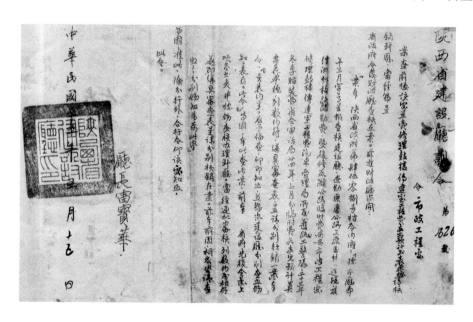

第五节　修补鼓楼被炸工程

　　民国二十八年（1939）因侵华日军对西安实施空袭，造成钟楼、鼓楼局部被炸毁，国民政府对钟鼓楼进行了抢救性维修。这次维修资料记载均较为详实。对青砖、白灰、青瓦、木料、砌砖、砌石、盖瓦和木工等的选用均有记录。鼓楼维修工程于民国二十八年十一月九日起动工，因雨天警报展期一天，工期共二十六天。从"修补鼓楼被炸工程"档案资料记载来看，修补所用工程材料的选材上，均"先准旧料使用"，新砖、新瓦"必需火色透匀方得使用"；修补构件在形制上也有"均按旧式尺寸大小仿做，不得稍有更改"。这和我们现在传统建筑维修上的做法基本类同。

1 西京建委会为派员查勘钟鼓楼工程估价给该会工程处的训令

西京建委会为派员查勘钟鼓楼工程估价给该会工程处的训令

令字第 156 号

(中华民国二十八年九月九日)

令工程处

查本会九月二（？）日第一二七次会议，（丙）临时动议，孙专门委员提议："查鼓楼、钟楼为本市名胜古迹，鼓楼屋顶前被轰炸，钟楼四周扶板污朽，亟应修理。如何之处，请公决。"经决议："交工程处勘估报会。"等因。纪录在卷。合行录案，令仰该处即便派员前往查勘估价，报会为要。

此令

委　员　龚贤明　孙绍宗

雷宝华　韩　安　韩光琦

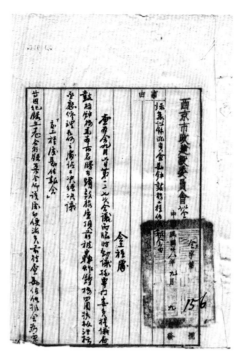

西京建委会为派员查勘钟鼓楼工程估价给该会工程处的训令（1）

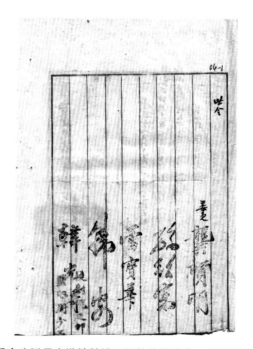

西京建委会为派员查勘钟鼓楼工程估价给该会工程处的训令（2）

2 西京建委会工程处为奉令编造钟楼鼓楼工程
预算表给该会的呈文

西京建委会工程处为奉令编造钟楼鼓楼工程预算表给该会的呈文

呈字第 135 号

（中华民国二十八年九月二十三日）

案奉钧会廿八年九月九日会字第一五六号训令，以录案训饬本处派员查勘钟楼、鼓楼工程估价报会一案。当经遵派本处技士孟昭义详为查勘，并着按照现时工料最低价额编造预算，兹已竣事，理合将选就该项工程预算表各一份，随文呈赍钧会鉴核，并祈提会公决示遵，实为公便。

谨呈

西京市政建设委员会

附呈赍预算表二份。

全衔处长　龚①

附1 **西京市政建设委员会工程处**
补修钟楼工程费预算表

字第＿＿＿号＿＿＿项

补修上下不带砖基　　　　　　　　中华民国＿28＿年＿9＿月＿20＿日

种　类	单　位	单价（元）	数　量	合价（元）	附　记
青　砖	千　页	22.00	10.00	220.00	整修檐墙及内隔墙
白　灰	千　斤	30.00	6.00	180.00	粉墙砌砖
沙　子	公立方	4.50	3.00	13.50	

---

① 指西京市政建设委员会工程处处长龚贤明

种 类	单 位	单价（元）	数 量	合价（元）	附 记
青 瓦	千 页	11.00	6.00	66.00	修理厨房厕所
方檐椽	根	1.50	20.00	30.00	修理西面房檐
松木檩	根	3.00	1.00	3.00	0.14f 厨房用
楼板栏杆	公平方	4.00	78.00	312.00	二寸洋木板
脊 瓦	丈	30.00	1.50	45.00	整个楼顶
板 瓦	千 页	40.00	1.00	40.00	
筒 瓦	千 页	35.00	0.50	17.50	
洋 钉	斤	1.60	20.00	32.00	
大工工资	每 工	1.40	50.00	60.00	
小工工资	每 工	1.10	110.00	80.00	
杂 费				110.00	
小 计				1209.00	
预备费	5%			60.45	
总 计				1269.45	

计算 孟昭义（章）　　　审核 赵明堂（章）　　　王士熹（章）　　　核准

附2　西京市政建设委员会工程处
修补鼓楼楼顶工程预算表

字第_____号_____项

中华民国__28__年__9__月__20__日

种 类	单 位	单价（元）	数 量	合价（元）	附 记
正脊	丈	30.00	2.00	60.00	用普通
垂脊	丈	25.00	2.50	62.50	用普通
板瓦	千页	40.00	3.00	120.00	用普通
筒瓦	千页	35.00	1.50	52.50	用普通
扶檐木	根	15.00	1.00	15.00	松木
松木椽	根	1.80	38.00	68.40	径一寸

续表

种 类	单 位	单价（元）	数 量	合价（元）	附 记
金瓜柱	根	12.00	2.00	24.00	松木
额坊	根	14.00	4.00	56.00	
垫板	根	10.00	3.00	30.00	
站板	公平方	6.00	35.00	210.00	
工资	大工	1.60	80.00	128.00	
工资	小工	1.00	200.00	200.00	
木架费			180.00	180.00	内外二个
杂项				100.00	所有旧料能用先用
小计				1306.40	
预备费				65.32	百分之五
总　计				1371.72	

计算　孟昭义（章）　　　　审核　赵明堂（章）　　　王士熹（章）　　　　核准

西京建委会工程处为奉令编造钟楼鼓楼工程预算表给该会的呈文（1）

西京建委会工程处为奉令编造钟楼鼓楼工程预算表给该会的呈文（2）

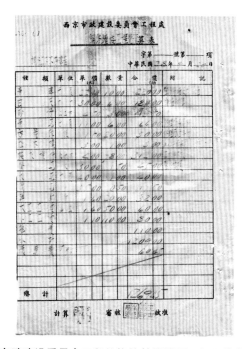

西京市政建设委员会工程处修补鼓楼楼顶工程预算表（1）

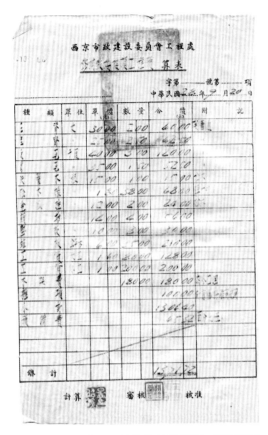

西京市政建设委员会工程处修补鼓楼楼顶工程预算表（2）

3 西京建委会为鼓楼照修钟楼工程暂缓给该会工程处的指令

西京建委会为鼓楼照修钟楼工程暂缓给该会工程处的指令

令字第 172 号

（中华民国二十八年九月三十日）

令工程处

二十八年九月二十六日呈一件呈赍奉令编造钟楼鼓楼工程预算表各一份，请鉴核示遵由，呈表均悉，本会九月二十一日谈话会决议"鼓楼照修钟楼暂缓。"等因。

纪录在卷，除函复警局处，合行录案，令仰遵照□存。

　　此令

委　员　龚贤明　孙绍宗

雷宝华　韩　安　韩光琦

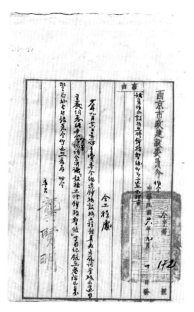

西京建委会为鼓楼照修钟楼工程暂缓给该会工程处的指令（1）

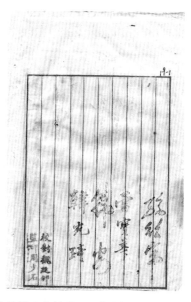

西京建委会为鼓楼照修钟楼工程暂缓给该会工程处的指令（2）

4 西京建委会工程处将修补鼓楼工程估价单给该会的呈文

西京建委会工程处将修补鼓楼工程估价单给该会的呈文

呈字第 184 号

（中华民国二十八年十一月六日）

查本处修补鼓楼工程，业经编造预算，呈奉钧会会议通过，准予修补在案。遵经通知各厂商即日估计，俾早兴修，惟各该厂商乃以迩来警报频发，多不肯作，故迄今呈送估单者仅同仁建筑公司一家。查其所开总价壹仟伍百壹拾肆元[①]，计超出原预算壹百肆拾贰元贰角捌分。当以工程紧急未便延缓，除已交由该公司照其所开估价剋日兴修外，理合将估价单一纸，随文呈赍钧会鉴核备查，实为公便。

谨呈

西京市政建设委员会

附呈赍估价单一纸

西京市政建设委员会工程处　处　长　龚贤明

附　　　　**西京市政建设委员会工程处**

修补鼓楼顶上损坏部分工料估价单

种类	单位	单价（元）	数量	总价	备考
正脊	丈	30.00	2.00	60.00	用方砖做之
垂脊	丈	28.00	4.00	112.00	用临时小脊
小布瓦	千[②]	15.00	7.00	105.00	
小筒瓦	千	30.00		135.00	临时小筒瓦

---

① 1936 年以前，民国 1 银元 = 1 国币。以上海 160 斤（1 公石）大米作为购买力兑换基准。1911 年—1920 年：1 银元≈21 世纪初：60 元～70 元人民币；1920 年—1926 年：1 银元≈21 世纪初：48 元～55 元人民币；1927 年—1936 年：1 银元≈21 世纪初：36 元～40 元人民币

② 根据后文所见此处单位应为"千页"。小筒瓦的单位相同。

续表

种类	单位	单价（元）	数量	总价	备考
扶檐木	个	30.00	1.00	30.00	旧料补修单价
松木椽	个	25.00	1.00	25.00	大头一公寸
补柱	个	20.00	1.00	20.00	用旧料改做
额方〔枋〕	个	10.00	4.00	40.00	用杨木做
垫板	个	30.00	1.00	30.00	用杨木做
站板	公平方	7.00	30.00	210.00	用杨木板一开二
白灰	千斤	45.00	2.00	90.00	富平灰
麦草	斤	0.03	400.00	12.00	
钉子	斤	1.00	50.00	50.00	
松墨	斤	0.50	30.00	15.00	
黄土	车	1.00	20.00	20.00	
木泥小工	个	1.20	45.00	54.00	

以上共计洋壹仟伍佰壹拾肆元整（同仁公司章）

承包人（同仁公司章）

二十八年十月二十日

西京建委会工程处将修补鼓楼工程估价单给该会的呈文（1）

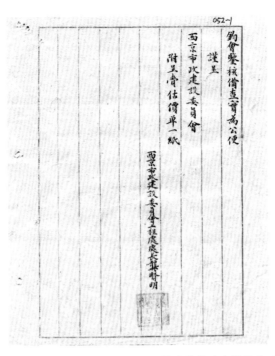

西京建委会工程处将修补鼓楼工程估价单给该会的呈文（2）

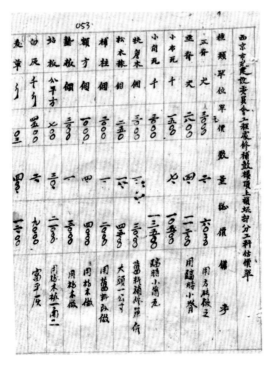

西京市政建设委员会工程处修补鼓楼顶上损坏部分工料估价单（1）

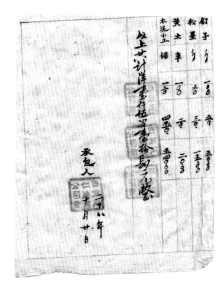

西京市政建设委员会工程处修补鼓楼顶上损坏部分工料估价单（2）

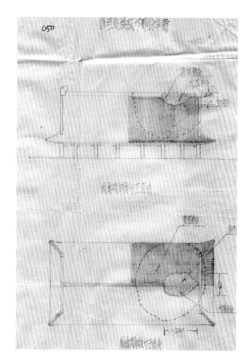

鼓楼被炸部分草图①

---

① 查阅档案该图编号在修补钟楼相关文件编号后，图上亦无明确日期，编者根据内容将图放于此处，便于读者了解鼓楼被炸补修部位。

5 西京建委会工程处将补修鼓楼工程合同估单保证书
给该会审核的呈文

西京建委会工程处将补修鼓楼工程合同估单保证书给该会审核的呈文

呈字第 197 号

（中华民国二十八年十一月二十日）

查本处修补鼓楼工程，曾经呈准交由同仁建筑公司承修，在单及保证书、说明书各二份，随文呈赍钧会鉴核备查，实为公便。

谨呈

西京市政建设委员会

附呈赍补修鼓楼工程合同、估单、说明书、保证书各二份。

西京市政建设委员会工程处　处　长　龚贤明

西京建委会工程处将补修鼓楼工程合同估单保证书给该会审核的呈文

附1 补修鼓楼工程合同

西京市政建设委员会工程处（以下简称工程处）兴筑补修鼓楼工程与承包人同仁公司（以下简称承包人）订立合同如左：

第一条 工程处所设计之各种图样及施工说明书等，承包人愿签字盖章切实遵照办理。

第二条 承包人投标时所填写标单及说明书等为本合同之一部，在工程进行期间，工程处对于工程各部分有更改或增减时，承包人须遵照建筑。所有工料按投标时所填之单价计算，如标单单价不详时按照时价另行估定。

第三条 本工程所有零星琐碎之处，如有未尽载明于施工说明书或图样等之内者，承包人须服从工程处所派监工人员指示办理，不得另索造价。

第四条 本工程所需之人工、物料、工具、竹篱、麻绳、木桩以及各种生力之法暨防护之物（压路机、路滚由本处供给）统归承包人负担，所有本工程所需用之材料，须经本处所派员负责监工人员验收后方许应用。

第五条 工程进行时承包人须负责工人安全及维持交通，并应于工作地点日间设置红旗、夜间悬挂红灯。倘有疏忽或设备不周以致发生任何意外之事，均由承包人负责。

第六条 承包人非得工程处之允许不得将本工程转包他人。

第七条 承包人须派遣富有工程经验之监工人常川在场监督，并听工程处监工员之指挥，如该监工人不称职时，工程处得通知承包人撤换之。

第八条 本工程于任何时间，如工程处查有与施工说明书不符之处，得责令承包人应即拆除并依照规定之工料重筑，所有时间及金钱之损失统归承包人负担。

第九条 订立合同时承包人须缴纳保证金洋五十元，领取收据。承包人中途有违反合同或借故推诿不完工等情事，工程处得将保证金悉数没收作为赔偿各项损失之一部。

第十条 本工程经西京建委会验收后，上项保证金可移作保固金（保固金发还办法列后），所有保证金、保固期及保固金等皆须按工程处规定办法办理。

第十一条　本工程自二十八年十一月九日起动工，限定工作日二十五天（雨雪或暴风警报天除外），逾限由承包人按日罚洋四十五元0角0分（约合总包价百分之三），工程处在应发工款内扣除之。如遇雨雪或暴风确难工作时，须由本处所派负责人员之签字证明，始得展期完工。

第十二条　本工程于开工之后验收之前，其已完成之工程概由承包人负责保管，凡一切意外所受之损失皆有承包人完全负责。

第十三条　承包人须觅殷实铺保一家（资本在　万元以上）。倘承包人有违背合同或不能履行合同任何条款，由保证人代承包人负本合同所订一切责任，保证人须填写保证书并在本合同后方签字盖章，表示承认各款。

第十四条　若承包人无故停止工作或延缓履行合同时，经本处书面通知后三日内仍未遵照工作，由本处一面通知保证人，一面另雇他人继续承包工作，所有场内之材料、器具、设备等盖归本处使用，而其续造工程之费用及延期损失等，本处由工程包价内扣除之，如有不足之处均归保证人赔偿。

第十五条　本工程总包价为一千五百一十四元0角0分（若承包人系投单价，其总价依工程完竣后实收数量结算为准）。

第十六条　本工程分二期付款。

第一期　工料到齐三分之二付洋一千元

第二期

第三期

第末期　工竣验收后全数付清

第末期经西京建委会派员验收后除保固金外扫数结清。

各期付款须由负责督工人员填写请款书，经工程处第二课证明后，呈请核发。

第十七条　保固金　元在总包价内扣存，俟保固期满后发还，保固期自验收日算起。

第十八条　本工程全部验收后，保固时期规定为六个月，如有损坏之处承包人得本处通知后立即前往遵照修理，否则工程处代觅工人修理，所有工料费用在保固金内扣除。

第十九条　本合同保证书及施工说明书均缮，同样五份，三份送呈西京建委会备案，一份存西京建委会工程处，一份有承包人收执。

中华民国二十八年十一月六日立

西京市政建设委员会工程处（章）

承包人　西京同仁建筑公司（章）

住址　东涝巷十七号

保证人　西安大福恒记　　　（章）

住址　土地庙 25 号

附2　　西京市政建设委员会工程处
修补鼓楼顶上损坏部分工料估价单

种类	单位	单价（元）	数量	总价（元）	备考
正脊	丈	30.00	2	60.00	用方砖做之
垂脊	丈	28.00	4	112.00	用临时小脊
小布瓦	千页	15.00	7	105.00	
小筒瓦	千页	30.00	4.5	135.00	临时小筒瓦
扶檐木	个	30.00	1	30.00	旧料补修单价
松木椽	个	2.50	18	45.00	大头一公寸
补柱	个	20.00	1	20.00	用旧料改做
额方［枋］	个	10.00	4	40.00	用杨木做
垫板	个	30.00	1	30.00	用杨木做
站板	公平方	7.00	30	210.00	
白灰	千斤	45.00	2	90.00	
麦草	百斤	3.00	4.00	12.00	
钉子	斤	1.00	50	50.00	
松墨	斤	0.50	30	15.00	
黄土	车	1.00	20	20.00	
木泥小工	个	1.20	450	540.00	

以上共计洋壹仟伍佰壹拾肆元整

承包人 西京同仁建筑公司（章）

二十八年十月十一日

279

西京市政建设委员会工程处（以下简称工程处）与集　铺件款娃

工程处所设计之各种图样及施工说明书等承包人顾签字盖章

（以下简称承包人）订立合同如左

第一条　工程处所设计之各种图样及施工说明书等为本合同之一部在工程进行期间工程处所填写之标单及说明书各部份有更改或增减时承包人须遵照建筑所有工料按投标时所填之单价计算如标单单价不详时按照时价另行估定

第二条　承包人投标时所填写之标单及说明书等为本合同之一部在工程进行期间工程处所填写之标单及说明书各部份有更改或增减时承包人须遵照建筑所有工料按投标时所填之单价计算如标单单价不详时按照时价另行估定

第三条　本工程所有零星琐碎之处如有未尽载明于施工说明书图样等之内承包人须服从工程处所派监工人员指示办理不得另索造价

第四条　本工程所需之人工物料工具什件籍蓆绳本搭以及各种生力之法暨

补修鼓楼工程合同（1）

第五条　防护之物（堡路橋路滚由本处供给）凡归承包人负责所有本工程所需用之材料须自备全处所派负责监工人员验收後方许应用

第六条　工程进行时承包人须负责工人安全及维持交通其应于工作地点日间设置红旗夜间应挂红灯倘有疏忽或设备不周以致发生任何意外之事均由承包人负责

第七条　承包人非得工程处之允许不得将本工程转包他人监工人员之指挥如敢监工人不称职或施工说明书不符工程处得通知承包人撤换之

第八条　本工程如有更改工程或停工情事工程处得令承包人应即拆除並依照规定之工料重算新有时间及金钱之损失統归承包人负担

第九条　订立合同时承包人须缴纳保证金洋　　如领取收费承包人中途有违反合同或藉辞延搁推诿不克工华情事工程处得将保证金充

补修鼓楼工程合同（2）

补修鼓楼工程合同（3）

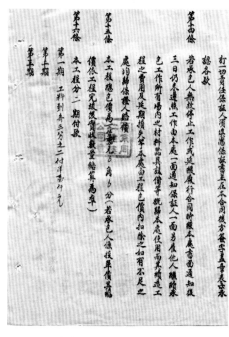

补修鼓楼工程合同（4）

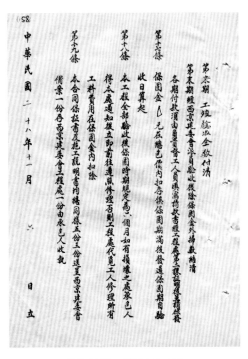

补修鼓楼工程合同（5）

补修鼓楼工程合同（6）

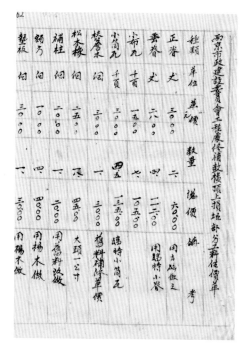

修补鼓楼顶上损坏部分工料估价单（1）

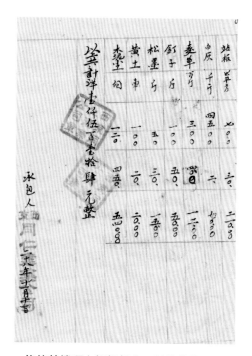

修补鼓楼顶上损坏部分工料估价单（2）

附3　　　　　西京市政建设委员会工程处
修补鼓楼施工说明书

总则

1. 凡属本工程范围内之一切修补事项均须按照本说明书办理之。

2. 在未施工前被炸部分必须清理清楚，未塌下而已有裂缝及歪斜部分均需拆除以不危及上层建筑为标准。

3. 承包人应遵照原有旧样修理不得稍有更改。

材料

1. 青砖：本工程所用砖料必须火色透均方得使用。

2. 白灰：以鄠县灰未经水湿者为合用，块状不得少于三分之一，面状不得多余三分之二。

3. 黄沙：砂粒需匀不得杂有泥土

4. 青瓦：瓦分普通瓦、流水瓦、筒形瓦等，均需按照旧式尺寸大小由承包人自行办理之，必需火色透匀方得使用。

5. 木料：所用木料均先准旧料使用，损坏者或腐朽部分均需用新木料接补。

施工

1. 砌砖：用1：2灰浆灌砌，新砖未用前必需经过水湿之。

2. 盖瓦：不得稍有离缝或不齐之处。

3. 木工：梁木长度均按旧有尺寸办理不得稍有疏忽。

4. 本说明书如有未尽事项得随时增加之。

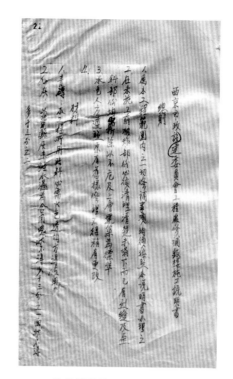

修补鼓楼施工说明书（1）

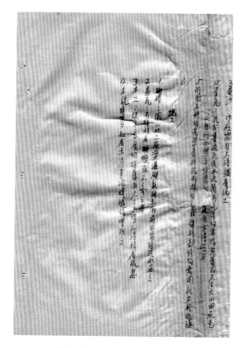

修补鼓楼施工说明书（2）

附4   保证书

　　兹因承包人同仁公司与西京市政建设委员会工程处订立合同兴筑修补鼓楼工程，保证人愿担保该承包人切实履行合同；如有违反合同或因任何事故发生不能履行合同时，保证人愿按照合同规定负全责任，并赔偿该项工程所受一切损失。自具此保证书后，即负担保之责，至全部工程验收，并保固期满后为止。所具保证书是实。

保证人　西安大福恒记
二十八年十一月六日

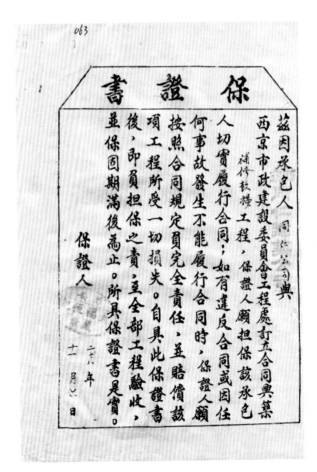

保证书

6 同仁公司为修补鼓楼被炸工程增加材料一事呈西京建委会工程处文

同仁公司为修补鼓楼被炸工程增加材料一事呈西京建委会工程处文

（中华民国二十八年十一月二十七日）

为呈报事。敝公司补修鼓楼工程，曾［增］加材料：西边垂脊二丈五尺，每丈三十元，合计洋柒拾伍元；又加垫板一个，合洋叁拾元；又结正吉［脊］标一个，合洋壹拾伍元；又买罗［螺］丝四个，合洋壹拾陆元，共计合洋壹百叁拾陆元整，恳请贵处查验。理宜陈明，是为之职。

　　谨呈
西京市政建设委员会工程处

承包人　西京同仁建筑公司（章）

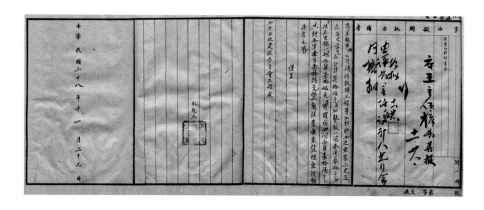

7 同仁公司为请展限修补鼓楼被炸工程日期
呈西京建委会工程处文

同仁公司为请展限修补鼓楼被炸工程日期呈西京建委会工程处文

（中华民国二十八年十二月四日）

为呈报事。敝公司补修鼓楼工程定立合同二十五天完竣，现已增加部份，误工十日，恳请贵处展限十日，以便加工修筑而期早完。理宜陈明，是为之职。

谨呈

西京市政建设委员会工程处鉴

承包人　西京同仁建筑公司（章）

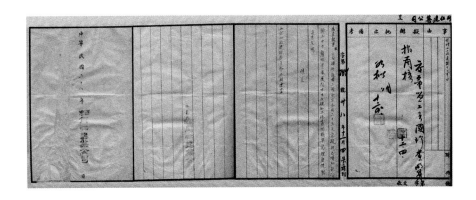

8 西京建委会董国珍为调查修补鼓楼被炸工程延期原因
给该会主任、课长等的签呈

西京建委会董国珍为调查修补鼓楼被炸工程延期原因
给该会主任、课长等的签呈

（中华民国二十八年十二月九日）

　　谨签者：窃职奉派调查同仁建筑公司，呈请增加鼓楼工程展限十日，查明具报一案。遵即前往该工地详查，确系因原有正脊檩稍短有碍修筑，职另着该包工人重接，因而误工叁日。谨将调查情形，理合签请鉴核。

　　谨呈

主　任

课　长　　转呈
处　员

工程师

处　长　龚①

　　　　　　　　　　　　　　　　　　职　董国珍　签呈

　　批示：重接一檩，拟准予延期二日。

　　　　　　　　　　　　　　　　　　龚贤明（章）
　　　　　　　　　　　　　　　　　　十二月九日

---

① 即龚贤明。

9 同仁公司为请派员验收修补鼓楼被炸工程
呈西京建委会工程处文

同仁公司为请派员验收修补鼓楼被炸工程呈西京建委会工程处文

字第 823 号

（中华民国二十八年十二月十四日）

为呈报事。敝公司补修鼓楼工程定立合同，限期二十五天完竣由。十一月九日开工，至十二月十一日完工，除天雨警报八天，展限三日，共计工作二十六天外，恳请贵处派员验收，以便结算，而清手续。理合陈明，伏乞鉴核。

谨呈

西京市政建设委员会工程处鉴

承包人　西京同仁建筑公司（章）

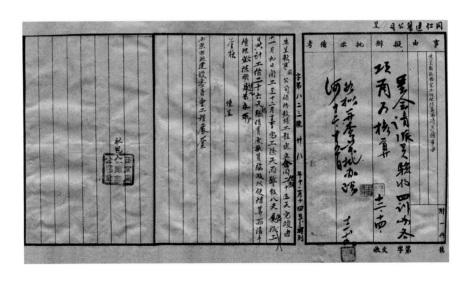

10 西京建委会工程处将修补鼓楼工程工款给该会的呈文

西京建委会工程处将修补鼓楼工程工款给该会的呈文

呈字第 239 号

（中华民国二十八年十二月十六日）

查本处招商包修鼓楼被炸工程，现已完成者约为全部三分之二，依照合同第十六条之规定，应付给该包商国币壹仟元，俾便令其备办材料之用。理合将该项工程领款单第三联一纸随文呈赍，伏祈钧会鉴核发给，实为公便。

谨呈

西京市政建设委员会

附呈赍领款单一纸①。

西京市政建设委员会工程处　　处　长　龚贤明

副处长　谢清河

西京建委会工程处将修补鼓楼工程工款给该会的呈文（1）

---

① 在现查找档案中未见此领款单。

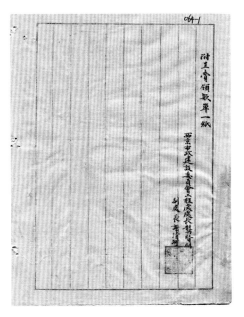

西京建委会工程处将修补鼓楼工程工款给该会的呈文（2）

11 西京建委会工程处为请派员验收包修鼓楼
被炸工程给该会的呈文

西京建委会工程处为请派员验收包修鼓楼被炸工程给该会的呈文

呈字第 243 号

（中华民国二十八年十二月）

查本处招商修补鼓楼被炸工程，前以完成三分之二时，当经呈报在案。兹据该包商同仁建筑公司呈称："为呈报事。敝公司补修鼓楼工程定立合同，限期二十五天完竣由。十一月九日开工至十二月十一日完工，除天雨警报八天，展限为一日，共计工作二十六天外，恳请贵处派员验收以便结算，而清手续。理合陈明，伏祈鉴核。谨呈。"等情。据此查核所称属实，除将该公司延误日期照章罚办外，理合具文呈请钧会鉴核，派员验收，以便清结。

谨呈

西京市政建设委员会

西京市政建设委员会工程处　处　长　龚贤明

副处长　谢清河

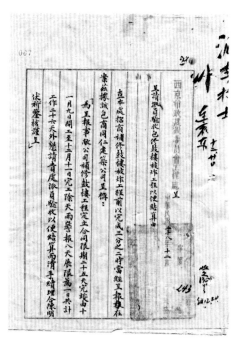

西京建委会工程处为请派员验收包修鼓楼被炸工程给该会的呈文（1）

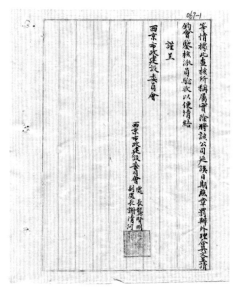

西京建委会工程处为请派员验收包修鼓楼被炸工程给该会的呈文（2）

12 西京建委会工程技士孟昭义对鼓楼验收情形给领导的签呈

西京建委会工程技士孟昭义对鼓楼验收情形给领导的签呈

　　谨签者职奉派于十二月二十九日十时会同建委会李技士前往验收鼓楼补修工程即至该工地实地查验所有补修各部分，尚无不合之处，谨将验收情形理合签请。

　　鉴核谨呈

课长赵①

工程司王②

副处长谢③

处长龚④

技士　孟昭义

二八年十二月二十九日

西京建委会工程技士孟昭义对鼓楼验收情形给领导的签呈

---

① 课长赵即指赵明堂

② 工程司王指王士熹

③ 副处长谢即指谢清河

④ 处长龚即指龚贤明

13 西京建委会工程处呈报派员验收鼓楼被炸工程情况给
西京市政建设委员会文

西京建委会工程处呈报派员验收鼓楼被炸工程情况给西京市
政建设委员会文
字第7号

（中华民国二十九年一月二日）

　　案据本处技士孟昭义签呈称：谨签此□□□谨呈等帖据此查鼓楼被炸工程前栏补修完成□□经饬派员会同钧会李技士前往验收在案兹据前帖，理合具文呈报钧会鉴核。

　　谨呈

建委会

全衔①处　长龚贤明

副处长　谢清河

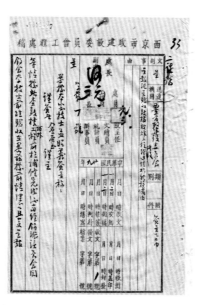

西京建委会工程处呈报派员验收鼓楼被炸工程情况给西京市政建设委员会文（1）

---

①　指西京市政建设委员会工程处处长

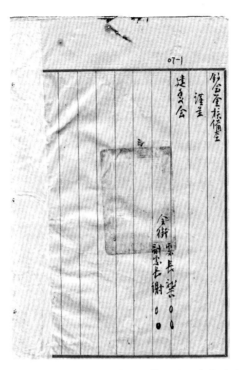

西京建委会工程处呈报派员验收鼓楼被炸工程情况给西京市政建设委员会文（2）

14 西京建委会工程处为报送鼓楼被炸工程结算表、决算表给该会的呈文

西京建委会工程处为报送鼓楼被炸工程结算表、决算表给该会的呈文

呈字第 2 号

（中华民国二十九年一月二日）

查本处招商补修鼓楼被炸工程，前于十二月十一日完成一部分，当经呈请钧会派员验收在案。所有该项工程结算表及决算表各二份，现已核计完毕，理合备文，呈赍钧会鉴核。

谨呈

西京市政建设委员会

附呈结算表及决算表各二份。

西京市政建设委员会工程处　处　长　龚贤明

副处长　谢清河

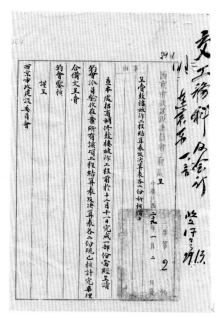

西京建委会工程处为报送鼓楼被炸工程结算表、决算表给该会的呈文（1）

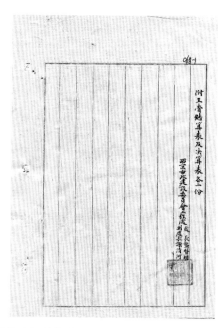

西京建委会工程处为报送鼓楼被炸工程结算表、决算表给该会的呈文（2）

附1   **西京市政建设委员会工程处**

修补鼓楼楼顶工程决算表

字第＿＿＿＿号第＿＿＿＿项

中华民国＿28＿年＿12＿月＿30＿日

种　类	单　位	单价（元）	数　量	合价（元）	附　记
正　脊	丈	30.00	2.00	60.00	
垂　脊	丈	28.00	4.00	112.00	
布　瓦	千　页	15.00	7.00	105.00	
筒　瓦	千　页	30.00	4.50	135.00	
扶檐木	根	30.00	1.00	30.00	
松木椽	根	2.50	18.00	45.00	
补　柱	根	20.00	1.00	20.00	
额方〔枋〕	根	10.00	4.00	40.00	
垫　板	根	30.00	1.00	30.00	
站　板	公平方	7.00	30.00	210.00	
白　灰	千　斤	45.00	2.00	90.00	
麦　草	百　斤	0.03	4.00	12.00	
钉　子	斤	1.00	50.00	50.00	
松　墨	斤	0.50	30.00	15.00	
黄　土	车	1.00	20.00	20.00	
木泥工	名	1.20	450.00	540.00	
总　计				1514.00	

计算　孟昭义（章）　　　　　　审核　赵明堂（章）　　　　　核准

附2   **西京市政建设委员会工程处**

补修鼓楼被炸部份工程结算表

承造厂商	同仁公司	规定期限　　25 天
订立合同日期	28 年 11 月 7 日	根据合同扣除日数　　8 天
开工日期	28 年 11 月 9 日	核准延期日数　　雨期及警报 7 日，核准展期二天，共 9 天
完工日期	28 年 12 月 11 日	逾期日数

承造厂商	同仁公司	规定期限	25 天
	预计	结算	
合同所订总价	$ 1514.00	实做工程费额	$ 1514.00
追加——	1.	扣罚款额——	1.
	2.		2.
	3.		3.
	4.		4.
共计	$ 1514.00	净付	$ 1514.00

处长　　课长　赵明堂（章）　　　　负责工程司　孟昭义（代）　　　　监工员　董国珍（章）

西京市政建设委员会工程处修补鼓楼楼顶工程决算表（1）

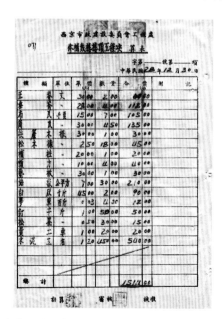

西京市政建设委员会工程处修补鼓楼楼顶工程决算表（2）

15 西京建委会工程处为验收修补鼓楼被炸工程
情形给该会的呈文

西京建委会工程处为验收修补鼓楼被炸工程情形给该会的呈文

字第7号

（中华民国二十九年一月四日）

案据本处技士孟昭义签呈称："谨签者：职奉派于十二月二十九日会同建委会李①技士前往验收鼓楼补修工程，即至该工地实地察验，所有补修各部份，尚无不合之处。谨将验收情形，理合签请鉴核。谨呈。"等情。据此，查鼓楼被炸工程前于补修完成后，当经饬派该员会同钧会李技士前往验收在案。兹据前情，理合具文呈报钧会，鉴核备查。

谨呈

西京市政建设委员会

西京市政建设委员会工程处处　长　龚贤明

副处长　谢清河

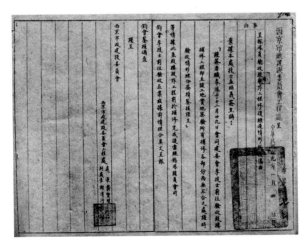

---

① 即李。

16 西京建委会为验收鼓楼补修工程相关事宜给该会工程处的指令

西京建委会为验收鼓楼补修工程相关事宜给该会工程处的指令

令字第7号

（中华民国二十九年一月六日）

令工程处

二十八年十二月呈一件，请派员验收包修鼓楼被炸工程，以便结算由。又，二十九年一月二日呈一件，呈赍鼓楼被炸工程结算及决算表各二份，祈核备由。

两呈暨附件均悉。经派员验收，大致尚符，除内中有一木料所用不妥，应即扣罚，并扣保固金五十（？）元外，外余之数准予照付，仰即知照。结算及决算表各二份存。

此令

委　员　龚贤明　孙绍宗

雷宝华　韩　安　韩光琦

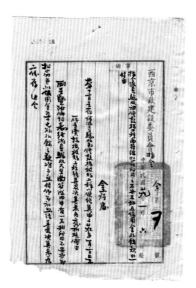

西京建委会为验收鼓楼补修工程相关事宜给该会工程处的指令（1）

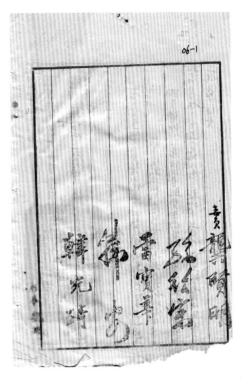

西京建委会为验收鼓楼补修工程相关事宜给该会工程处的指令（2）

17 西京建委会工程处为核发修补鼓楼被炸工程
工款给该会的呈文

西京建委会工程处为核发修补鼓楼被炸工程末期工款给该会的呈文

字第 56 号

（中华民国二十九年二月七日）*

　　查补修鼓楼被炸工程前于完成后，曾经呈请钧会派员验收，并将第一期领款单第三联一纸，计洋乙仟元，赉请核发各在案。兹谨将该项工程末期领款单第三联一纸，计洋伍百壹拾肆元正，备文呈赉钧会鉴核发给。

　　谨呈

西京市政建设委员会

附赍补修鼓楼被炸工程末期领款单第三联乙纸。

西京市政建设委员会工程处处　长　龚贤明

副处长　谢清河

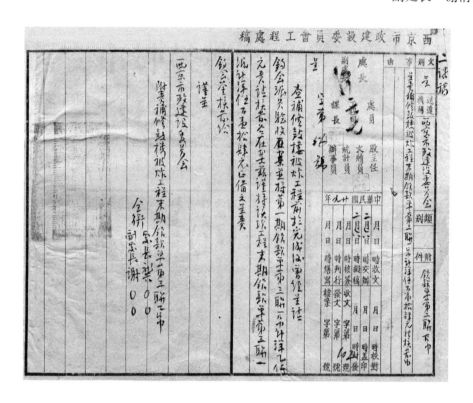

附　　　　　　　补修鼓楼被炸工程领款单

工程名称：补修鼓楼被炸工程　　　承包人：同仁公司　　　中华民国28年12月21日填

工　作　情　况							（元）	
种类	单位	单价（元）	本期数量	连前共计数量	本期应付款数（元）	连前共计款数（元）	共完成工程%	预算总价	1371.72
松木椽	个	2.50		18		45.00		总包价	1514.00
额　方	个	10.00		4		40.00		已支款数	1000.00
垫　板	个	30.00		1		30.00		本期请领款数	514.00

续表

工　作　情　况								（元）	
种类	单位	单价（元）	本期数量	连前共计数量	本期应付款数（元）	连前共计款数（元）	共完成工程%	预算总价	1371.72
站　板	公平方	7.00		30		210.00		连前共领款数	1514.00
扶檐木	个	30.00		1		30.00	100%	附记	
补　柱	个	20.00		1		20.00		1. 经十一月五日建委会第 130 次会议决议，追加 $ 142.28，故总包价增为 $ 1514.00。	
垂　脊	支	28.00		4		112.00			
人　工	个	1.20	150	450	180.00	540.00			
钉	斤	1.00		50		50.00		2. 于 28 年 12 月 29 日经西京建委会派员验收。	
黄　土	车	1.00		20		20.00			
白　灰	千斤	45.00	0.5	2	22.50	90.00			
小筒瓦	千页	30.00	1.5	4.5	45.00	135.00			
小布瓦	千页	15.00	2	7	30.00	105.00			
麦　草	百斤	3.00	4	4	12.00	12.00			
松　墨	斤	0.50	30	30	15.00	15.00			
正　脊	支	30.00	2	2	60.00	60.00			
共　计					364.50	1514.00			

填表人　（章）　　　　　工程司　（章）　　　　　科长　赵明堂（章）　　　　　处长

18 同仁公司为陈明修补鼓楼被炸工程补柱费用呈
西京建委会工程处文

同仁公司为陈明修补鼓楼被炸工程补柱费用
呈西京建委会工程处文

（中华民国二十九年二月二十八日）

　　为呈报事。敝公司包做鼓楼工程，标单上写明补柱壹个，自今末期未付，萌〔前〕已呈报增加垫板、正吉〔脊〕、正吉〔脊〕标、罗〔螺〕丝各项材料，合洋七八十元，并未增加而且扣洋。理宜陈明，实为公便。

　　谨呈
西京市政建设委员会工程处

承包人　同仁公司（章）

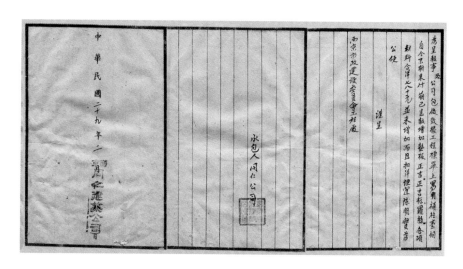

19 西京建委会工程处为同人公司恳请免于扣罚木料费给该会的呈文

西京建委会工程处为同仁公司恳请免予扣罚木料费给该会的呈文

字第 97 号

（中华民国二十九年三月四日）

案据同仁建筑公司呈称："为呈报事。敝公司包做鼓楼工程，标单上写明补柱壹个，自今末期未付，萌［前］已呈报增加垫板、正吉［脊］、正吉［脊］标、罗［螺］丝各项材料，合洋七八十元，并未增加而且扣洋，理宜陈明，实为公便。谨呈。"等情。据此，当将该经理齐思才招至本处询以详情，据称前标单内有木柱一项，已注明为补柱，并于施工时增加垫板、正脊等项工料，合计七八十元，而结算时未曾加算，乃末期款单又扣罚木料洋四十元，实觉欠妥，况补柱全价仅二十元，尚祈体念商艰，免予扣罚等语。究应如何办理之处，理合具文呈请钧会鉴核。

谨呈

西京市政建设委员会

西京市政建设委员会工程处处　长　龚贤明

副处长　谢清河

第六节　其他基础建设工程

1. 开辟鼓楼旧有便道

长安县政府为勘查鼓楼南端旧有便道致市政工程处公函

（中华民国二十四年三月二十六日）

案查前据本府县巷居民张兆瑞等呈请拟由鼓楼南端旧有便道出入一案，现经委员查明，事属可行。兹以此项工程系由贵处管辖范围，相应函请贵处查照，先行派员过县协同复勘后，以凭转饬该民等办理，至纫公谊。此致

西京市政工程处

县长　翁　柽

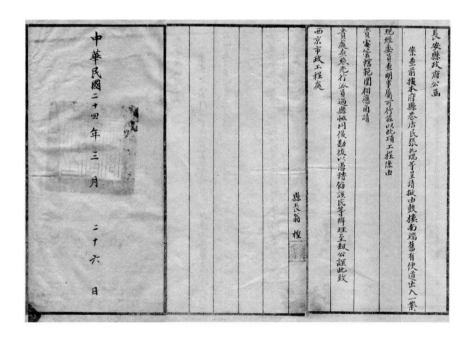

市政工程处杨正春为勘查鼓楼南端旧有便道情形给该处主任的签呈

（中华民国二十四年四月二日）

谨呈者：奉谕以准长安县政府函称，本府县巷居民张兆瑞等呈请拟由鼓楼南端旧有便道出入一案事，现经委员查明，事属可行。经职会同该府胡主任勘查一遍，该处居民甚多，约二三十户人家，地均为县府之地，出入口在鼓楼入口处，后因"特种原因"致为堵塞，出入皆由县府大门，但多感不便，故该巷居民呈请将堵塞除去，以利交通。职视其情，似有开辟之必要。理合据实呈报，不识是否有当，谨呈主任转呈处长鉴核。

职　杨正春　签呈

批示：如无妨碍，准如拟办理。

李仲蕃（章）
四月二日

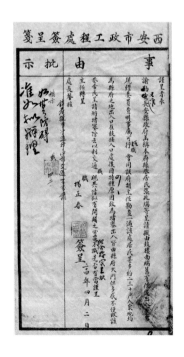

市政工程处杨正春为请函准长安县政府开辟鼓楼南端旧有便道给该处课长的签呈

（中华民国二十四年四月九日）

谨呈者：前查县政府拟辟县巷堵塞事，前已签呈在案，上因有“特种原因”等字批令，复勘现已查明，并无妨碍该巷有开辟之可能，故请函准县府开辟。不识是否有当，理合具文，呈请课长转呈处长鉴核。

职　杨正春　签呈

批示：如拟公函复长安县。

李仲蕃（章）

四月十日

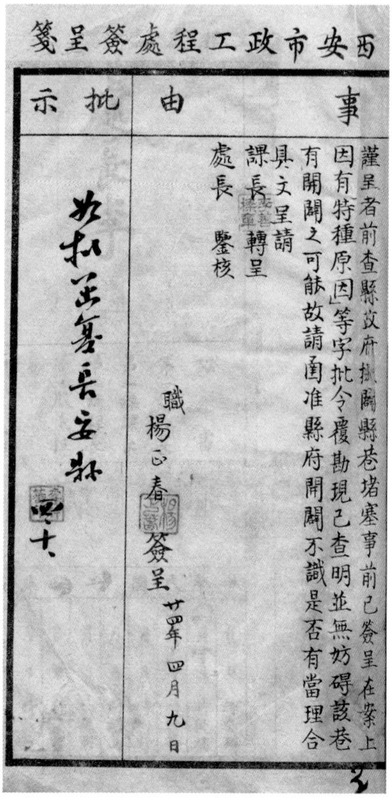
西安市政工程處簽呈箋

事由

謹呈者前查縣政府擬闢縣巷堵塞事前已簽呈在案上因有「特種原因」等字批令覆勘現已查明並無妨礙該巷有開闢之可能故請函准縣府開闢不識是否有當理合具文呈請課長轉呈處長鑒核

職楊正春簽呈　廿四年四月九日

批示

如擬函復長安縣　四十

市政工程处为开辟鼓楼南端旧有便道一案复长安县政府公函

第 号

（中华民国二十四年四月十日）

案准贵政府公函内开："以据本府县巷居民张兆瑞等呈请拟由鼓楼南端旧有便道出入一案，现经委员查明，事属可行，请派员过县协同复勘后，以凭转饬该民等办理。"等由。准此，当经本处指派技佐杨正春前诣贵府会同复勘，兹据复称："复勘现已查明，并无妨碍该巷有开辟之可能，故请函准县府开辟。不识是否有当，理合具文呈请。"等情。据此，查该巷居民等所请开辟旧有巷道，系为便利交通，且既经会同贵府查明可行，自应准予照办，相应函复，即烦查照，转饬遵照办理为荷。

此致

长安县政府

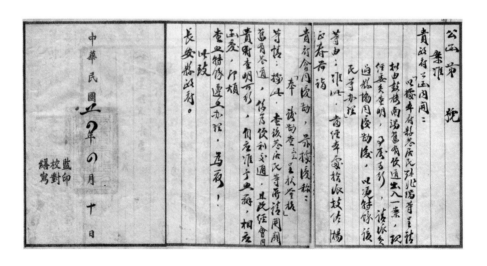

据居民呈请：鼓楼南端旧有便道出入，该处居民甚多，地均为县府之地，出入口在鼓楼入口处，后因"特种原因"致为堵塞，出入皆由县府大门，多感不便，居民呈请将堵塞出去，以利交通。经查明，准予照办。

2. 拟建钟鼓楼广场

陕西省政府第八十八次例会临时动议

（中华民国三十四年十一月九日）

关于市政府建设问题。市政府建设科特别注意钟楼根新盖某药房侵占人行道，饬由省会警察局萧局长勒令拆除。据报该商已领有许可证，主管人员办事疏忽，决定缴销许可证，不准建筑。乃为将来计，市区道路等级由建设厅查案公布（仿照杭州市办法），并先拟具计划呈核（嗣后市区房屋拆修一次须让进一次，最低限度建筑两层楼房）。再，城内难民所修之茅房，按照建设规则，尽量取缔减少，藉整市容。此外应在钟楼周围开辟广场，以备举行各种集会。去年委座寿辰时，本主席曾谓抗战胜利后，此楼可改为"凯旋楼"，鼓楼周围亦可放宽，楼上可作民教馆、书报阅览场所。先由市政府会同建设厅设计。

省政府为开辟钟鼓楼广场一案给市政府的指令

府秘技字第 1 号

（中华民国三十五年一月七日）

令西安市政府

三十四年十二月二十日建字第一九六一号代电一件，同前由。

皓代电暨附件均悉。查蓝图应改为五百分之一比例尺，并应精密绘制晒印（计划线加红色，民房加黄色，钟楼加绿色）。再，人行道五公尺尚不敷用，应即加宽。正核办间，复据建设厅签呈内称："前奉交下十一月九日第八十八次例会临时动议，以关于整理市容、开辟钟楼周围广场、鼓楼周围放宽等事项，饬由市政府会同建设厅设计等因。遵即饬派本厅技正傅玺洽市政府办理去后，兹据该技正签称：'关于取缔非法建筑，市政府已遵照指示办理，公布全市道路等级，市政府已拟就全市道路系统计划表提请本年度行政会议议决后公布；至开辟钟楼周围广场、鼓楼周围放宽等计划已测绘完竣，附具设计图二份，请鉴核'。等情。据此，查开辟钟楼周围广场计划图设计尚属可行；至鼓楼周围放宽计划图，原设计缺少广场拟更改，如绘红线所示。谨检同原计划图二份，鉴请钧座核定；至钟鼓楼修缮及加添踏步等之详细图及预算，俟辟宽计划决定后，再令由市政府遵办，请核示。"等情，查此项工程关系重要，兹将原图发还，仰即遵照，于文到三日内迅速召集本府技术室主任及建设厅姜[①]科长开会讨论，并将讨论情形具报凭核。此令。

计发还鼓楼图一张（佚——编者）。

主席　祝绍周

---

① 即姜景曾。

西安市政府为开辟钟鼓楼广场一案复省主席祝绍周代电

市建字第 2012 号

（中华民国三十五年一月九日）*

　　陕西省政府主席祝①钧鉴案：查钧府委员会第八十八次例会临时动议，饬在钟楼周围开辟广场，以备举行各种集会；鼓楼周围亦可放宽，楼上可作民教馆、书报阅览场所等因，纪录在卷。查钟楼设计图业经呈赍钧府在案；关于鼓楼设计图亦经派员勘查绘制妥善，拟俟钧府核定后，即行筹设民教馆、图书阅览事宜。是否有当，理合检赍原图电请鉴核示遵。西安市政府市长陆翰芹。亥（　　　）②。市建。印。附赍鼓楼设计图一份。

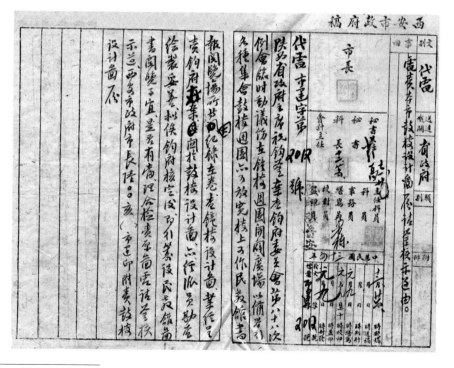

---

① 即祝绍周；

② 发报时间应为子佳。

市政府为报告钟楼四周马路宽度讨论会情形复省主席祝绍周代电

市建字第 54 号

（中华民国三十五年一月十六日）

　　陕西省政府主席祝①钧鉴：案奉钧府三十五年一月七日府秘技字第一号指令，以关于本市钟楼鼓楼四周马路宽度不敷应用拟予加宽一案，饬于文到三日内召集钧府技术室主任及建设厅姜②科长开会讨论，并将讨论情形具报凭核。等因。奉此，自应遵照，当于本月十一日上午九时假本府建设科召开讨论会，业将加宽办法详加研讨，分别纪录在卷。除由本府赶制图样另案呈报外，理合检赍原纪录，电请鉴核示遵。西安市政府市长陆翰芹。子（铣——编者）。市建。印。附赍纪录三份。

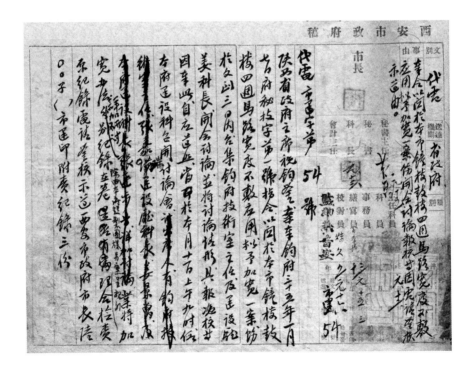

---

① 即祝绍周；

② 即姜景曾。

附　　　　　钟楼四周马路宽度讨论会纪录簿

时　　间：三十五年元月十一日上午九时

地　　址：西安市政府会议室

出 席 人：张嘉瑞、姜景曾

主　　席：张连步

纪　　录：杨生海

报告事项：

主席报告：

讨论事项：

一、关于钟楼四周道路计划

姜科长提议：

1. 原有楼梯偏出于东北角，有碍观瞻，应予拆除，另在南、北两面重建双折楼梯，以资对称而壮观瞻。

2. 周围所余隙地应以足建楼梯为原则。

3. 路面宽度仍以甲等路面二十公尺为准则，惟外边人行道应特别加宽。

4. 马路内圈作正圆形，马路外圈人行道因曲度太小应改做直线，近于两路交叉处做小圆角。

张主任提议：

1. 马路内圈亦应做人行道，其宽以五公尺为度。

2. 除东大街宽度已足甲等规定外，至余南、北、西三大街宽度尚未足甲等规定，应于本计划实施时，各自转角处起向南、北、西三方各折十公尺，使均达到甲等路宽规定，以为将来该三路拆让之依据。

3. 原计划图比例为二百五十分之一，应改五百分之一，以资节省篇幅。

4. 图样上之计划线应加红色，民房加黄色，钟楼加绿色，以资识别。

决议事项：

姜科长所提议者：

1. 决议：通过。

2. 决议：以钟楼为中心取三十五公尺之半径为四周隙地之边缘。

3. 决议：马路宽度应为二十公尺，外围人行道宽度决定为十公尺。

4. 决议：通过。

张主任所提议者：

1. 决议：通过。

2. 决议：通过。

3. 决议：由市府建设科重新绘制。

4. 决议：通过。

二、关于鼓楼四周道路计划

姜科长提议：

1. 在钟鼓楼间广场未辟之前，由鼓楼东、西两向，南起西大街各辟一路，向北会集于北院门大街，如是则鼓楼以南至西大街可暂为一小广场，以便阅览人散步与市民开会之用。

2. 以鼓楼为中心取七十公尺之半径为外人行道之外缘。

3. 马路宽度仍按乙等路十二公尺之规定办理，惟外人行道宽度亦做十公尺以壮观瞻为原则，内圈为广场毋须再做人行道。

4. 在广场周围应做短垣，并于垣内栽植树篱。

5. 于鼓楼南、北两向亦做双折楼梯。

决议事项：

1、2、3、4、5 各项均照原提议通过。

三、关于钟鼓楼间开辟广场计划

姜科长、张主任共同提议：

1. 四至：其界线应东起北大街，西至鼓楼西，南起西大街，北至粮道巷南口，东西约长三百五十公尺，南北约宽二百三十公尺。

2. 优点：（一）该广场能包括钟、鼓两楼，在任何一楼上均可作讲演及广播之用；（二）该广场四周均临马路，自成一体，不为任何路所割断，较为方便；（三）

该广场内之地皮大半为西安市政府与〈省〉社会服务处所有，迁建时较为容易办理；（四）该广场居西安市商业区之中心，市民开会与阅览均较方便。

决议：通过。

四、关于城区公园计划

姜科长提议：

各公园周围应直接与马路连接，不应任市民随意建筑房屋，其已建者应逐渐设法拆除。

决议：由市府建设科办理。

张主任提议：

城区公园多在东、西大街以北，南城区居民颇感不便，应增辟公园两座：其一应将民教馆与南院门打通，北起西大街，南至南院门街，东起竹笆市，西至南广济街；其二应在柏树林涝池一带辟一公园。

决议：由市府建设科计划办理之。

五、关于城区道路计划

姜科长提议：

将来市政发展后城墙似有拆除可能，环城路原计划为乙等路，应改为甲等路，以利交通。

决议：通过，由市府建设科计划办理之。

六、散会。

省政府为钟鼓楼四周道路计划图及设计说明书给市政府的指令

府秘技字第 1615 号

（中华民国三十五年一月二十二日）

令西安市政府

本年元月十六日市建字第 54 号代电一件，同前由。

删代电暨附件均悉。仰于文到三日内将图样暨设计〔设计〕说明书呈府核办。

附件存。此令。

主席　祝绍周

市政府为报送钟鼓楼四周道路计划图及设计说明书致省主席祝绍周代电

市建字第76号

（中华民国三十五年一月二十九日）

陕西省政府主席祝①钧鉴：案奉钧府三十五年一月二十二日府秘技字第一六一号指令，以据本府呈复，关于本市钟鼓楼四周马路宽度不敷应用拟予加宽，开会讨论，附赍纪录，请核示一案，饬于文到三日内将图样暨设计说明书呈复核办。等因。奉此，遵将钟鼓楼图样暨设计说明书（鼓楼图样甲乙两份）等一并电赍鉴核示遵。西安市政府市长陆翰芹。子（艳——编者）。市建。叩。附赍钟楼四周道路计划图、鼓楼四周甲种道路计划图、鼓楼四周乙种计划图各乙份暨钟鼓楼广场工程计划书共乙册。

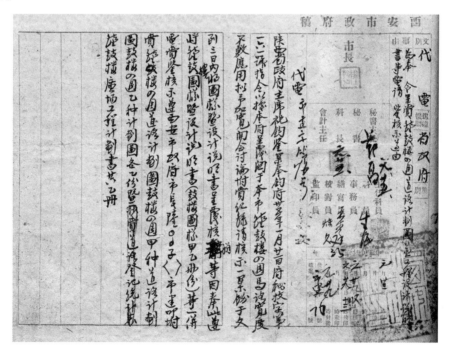

---

① 即祝绍周。

附　　　　　　　　钟楼及四周马路计划说明书

一、凯旋楼：三十四年十一月九日，省府第八十八次例会临时动议，主席令将钟楼改为凯旋楼，藉以纪念抗战胜利，并拟聘请中国建筑名流代为设计加以修理，以复昔日胜迹而利观瞻焉。

二、楼梯：三十五年元月十一日，本府召集之钟楼四周马路宽度讨论会，决定于凯旋楼南、北两面各建双折楼梯二座，以便登楼而壮观瞻。

三、马路宽度：凯旋楼位居东、西、南、北四大街交叉点，为西安市商业之中心，车马往来较市内任何其他区域为多，尤以遇有游行庆祝时拥挤不堪，故是以计划加宽，以适应日渐繁荣之市容焉。其加宽后之尺寸乃以凯旋楼中心起，沿两对角线各出七〇公尺作一平行于对角线之直线，与各大街外界线相交另成一方形广场，即四周马路之外界线也。

四、人行道宽度：以凯旋楼中心起取三十五公尺之半径作一正圆，即内人行道之外边缘也。内人行道宽度为五公尺，外人行道之宽度为十公尺。

五、马路做法：凯旋楼四周之马路拟做三十公分厚之碎石路，灌以石灰砂浆，以资坚固耐久。

六、人行道做法：凯旋楼四周之人行道拟以五公分厚之水泥混凝土做之，上划五十公分之方格，并做麻点以免滑溜，下铺十公分厚之碎砖之合土路床。

鼓楼四周马路计划说明书

一、鼓楼：三十四年十一月九日，省府第八十八次例会临时动议，主席令将鼓楼四周加宽并将该楼改做民教馆或图书阅览场，除将四周马路计划呈阅外，其改做阅览室等工作拟移教育科办理。

二、楼梯：南、北两面各建双折楼梯二座，以便登楼阅览并壮观瞻。

三、马路宽度：按乙种马路路面宽度做十二公尺宽。

四、人行道宽度：甲种计划人行道宽度为十公尺，乙种计划为五公尺宽。

五、小广场：甲种计划马路自西大街起，分东、西两路绕鼓楼东、西两端，向北依半圆形汇集于北院门街，在两路之间成一小广场，可供市民开会之用，约可容市民一万人之谱。

六、花坛：乙种计划内之花坛如为顾惜市民财产计，可暂免拆让，所拆范范［围］以马路旁之人行道为界。

省政府为拟定钟鼓楼四周马路施工计划暨房屋拆迁办法给市政府的指令

府秘技字第　　　号

（中华民国三十五年二月　　日）

令西安市政府

本年元月二十九日市建字第七六号俭代电一件，同前由。

俭代电暨附件均悉。查所拟改善钟楼四周马路计划图尚无不合；至改善鼓楼四周马路计划图应采用乙种图样，惟将四周花坛除去。仰即妥拟施工计划说明及房屋迁拆办法，连同两方动工时间呈候核办。附件存。此令。

主席　祝绍周

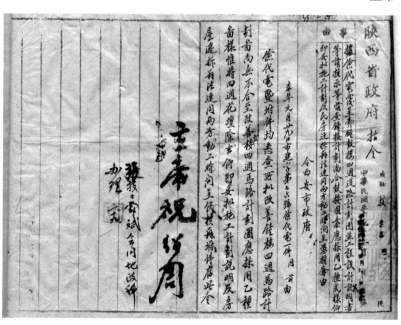

省政府为查明市长陆翰芹强修钟鼓楼广场引起市民不满一案
给市政府的训令

府秘技字第 2314 号

（中华民国三十五年三月二日）

令西安市政府

案准行政院秘书处本年二月二十五日发文礼一字第八八七五号公函，以奉交办关于西安市长陆翰芹强修广场引起市民不满报告一件，请查明核办具报等因。准此，合行抄发原件，令仰该市长查明呈复，以凭核夺。此令。

计抄发原报告一件。

主席　祝绍周

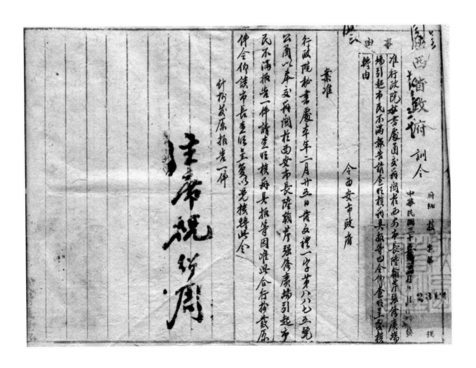

附　　　　　　照抄原报告

西安市长陆翰芹强修广场引起市民不满

西安市长陆翰芹制定西安市建设计划，拟将该市钟楼以西与鼓楼之间辟成广场，计须拆去鼓楼、西大街、北院门、竹笆市等街道铺房三百余家，市民损失将达五千亿，各商号以建修广场与商业繁荣并无裨益，现联名向省府请愿，并由《工商日报》对陆市长加以抨击，但陆市长对记者宣称，伊将不顾一切实行建设主张。现市民已准备开始呈控陆市长。

省政府为钟鼓楼四周马路施工计划暨房屋拆迁办法再给市政府的指令

府秘技字第 1757 号

（中华民国三十五年三月八日）

令西安市政府

本年二月二十七日市建字第一三六号代电一件，同前由。

养代电暨附件均悉，仰仍将钟鼓楼四周马路扩展工程施工计划暨民房拆迁办法赍府核夺。附件存。此令。

主席　祝绍周

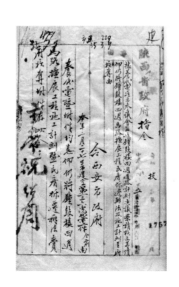

永丰泰等商户①为请停止修建钟鼓楼广场以恤商艰呈市政府文

（中华民国三十五年　月　日）

　　窃钧政府前派员测勘钟楼以北之商房，并于本年一月十二日之《工商日报》载：本市钟楼与鼓楼之间将开辟民众集会场。如此则钟楼四周之房将必拆毁，是使数十万家之生命财产同归于尽，政府体恤民艰设身处地谅不忍出此也。抗战八年，商民困苦极矣，然商民虽在万分困难之中，贡献于国家者甚大！今幸抗战胜利，民等正拟继续努力经营业务，乃竟根本将其营业之根据地铲除净尽，不但业主蒙最大之损失，使数百家之生计立即断绝，以西安市觅房之难，民等生计亦随之而陷于绝地。谨陈明苦况，伏乞钧府鉴核，俯念商艰，立予停办，实为德便。谨呈
西安市政府市长　陆②

具呈人：永丰泰　　　　（章）

　　　住　址：北大街七号

具呈人：钟楼书店　　　（章）

　　　住　址：北大街南口三八九号

具呈人：益世药房　　　（章）

　　　住　址：西大街六九七号

具呈人：盛协鲜果店　　（章）

　　　住　址：东大街四零二号

具呈人：复信银号　　　（章）

　　　住　址：南大街五一号

　　　　　　　　　……

---

①　共有东、西、南、北四大街五十余家商号；

②　即陆翰芹。

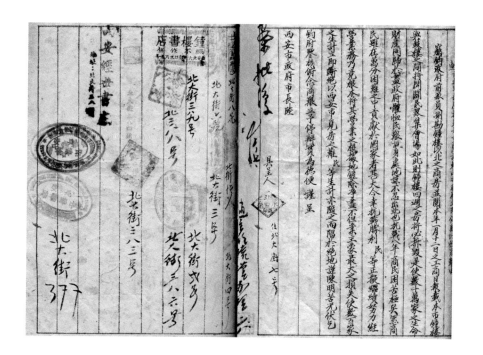

市政府关于永丰泰等商户请求停止修建钟鼓楼广场的批示

市建字第 112 号

（中华民国三十五年三月八日）

原具呈人北大街七号永丰泰等三十五年（漏月日）呈乙件，由同来文。

呈悉。查修筑钟楼四周马路计划，业经本市参议会第一届第一次大会决议原则通过，并经呈奉陕西省政府三十五年二月十八日府秘技字（漏号）指令核准，饬即拟具民房迁拆办法等因，各在案。据呈前情，碍难照准，仰即知照。

此批

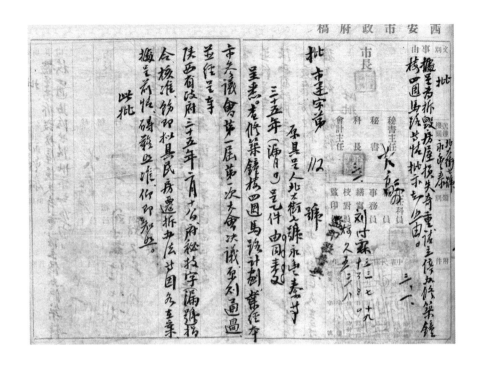

省政府为查明杨北海等关于禁止拆毁钟鼓楼的提案给市政府的训令

府秘技字第 2089 号

（中华民国三十五年三月十八日）

令西安市政府

案准陕西省议会公函，附送杨参议员北海第［等］七人提，请禁止拆毁钟鼓楼，以保留古迹而免增加人民之负担一案到府。除先行函复外，合行抄发原提案，令仰该府查明具复，以凭核夺。此令。

计抄发原提案一件。

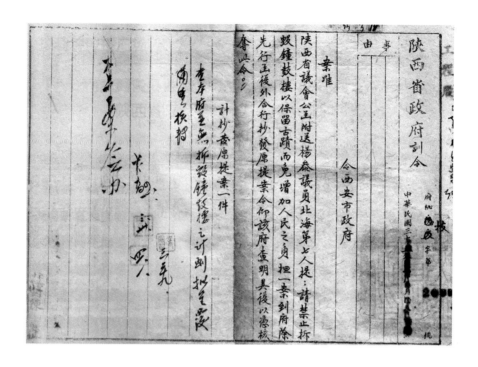

附　　　　原　提　案

　　杨参议员北海等七人提：请禁止拆毁钟鼓楼，以保留古迹而免增加人民之负担案（原提案第三四六号）。

　　理由：陕西之钟鼓楼不特在西北有历史性，固举国闻名而熟悉者也。近闻市府竟拟请外来建筑师设计拆毁此种古迹，并将附近民房一律拆去，辟作广场。又闻市长向市商会令其派款五千万，无论此种巨款是否即附有拆毁钟鼓楼开辟广场之款在内，而当此创巨痛深、民困未苏之顷，遽兴此无谓之工程，使灾后人民丧其产业，又加增负担，不惟有背先总理民生主义之大旨，且违中央保存古迹之命令。

　　办法：应咨请省府令饬禁止，非惟保存吾陕唯一有历史一建筑物，且使四周居民不至丧失其产业而免增加无谓之负担。

　　本案经大会决议：原案通过，咨请省政府查明制止。

省政府为查明罗经云等关于从缓修建钟鼓楼广场的提案给市政府的训令

府秘技字第 2542 号

（中华民国三十五年三月二十八日）

令西安市政府

案准陕西省参议会函，以罗参议员经云等十人提，为请政府将拆毁钟鼓楼附近房屋，开辟民众集会场所之拟议从缓办理一案，抄送原提案，嘱查照办理等因到府。除函复外，合行抄发原提案，令仰该府查明具报，以凭核转。此令。

附抄发原提案一件。

主席　祝绍周

附　　　　　　　　　　　　**原　提　案**

罗参议员经云等十人提：为请政府将拆毁钟鼓楼附近房屋，开辟民众集会场所之拟议从缓办理，以恤民艰案（原提案第三七五号）。

理由：查抗战八年，人民痛苦已达极点，现在胜利来临正宜与民休息，以复元气。顷阅一月十二日报载：本市钟楼与鼓楼之间，拟开辟民众集会场所。如此则拆毁民房不在少数，当此建国时期，地方待办之事极多，应力求实际，避免铺张，公家若虚糜巨款，为此不急之务，似非所宜。况因拆毁大宗民房，使多数生灵立成穷困，恐于政府体恤民艰之意实有未合。盖人民之力量即国家之元气，其端甚微，其效实大，既不可忽视，又不能不顾及之也。

办法：请咨省政府查照，从缓办理，以恤民艰。

本案经大会决议：抗战结束民困待苏，本案所见甚是，如政府确有是项计划，应请政府从缓办理。

市政府关于强修钟鼓楼广场引起市民不满一案致省主席祝绍周代电

市建字第 297 号

（中华民国三十五年三月三十一日）

陕西省政府主席祝①钧鉴：案奉钧府本年三月二十二日府秘技字第二三一四号训令，以准行政院秘书处函，以奉交办关于本府强修广场引起市民不满报告一件，转饬查明呈后，以凭核转等因，附原报告一件。奉此，遵查本府前奉钧府三十四年七月三十日府建二字第二三七四号训令，以准内政部渝营字第零一七六号公函，以"我国过去都市发展一任自然，漫无准则，殊不足以发扬文化，整肃观瞻。值兹胜利复员，各大都会之复兴，及公共房舍之重建，亟应通盘规划，缜密设计，俾能适合现代之需要，树立百年之宏规。对于市区之改良及建筑基地之划定等初步工作，应事先详加筹划。"等因。当即遵照，通盘筹划，就本市现有道路状况，略加修正，绘制本市城区道路计划图一份，原图内钟楼与鼓楼间绘有广场一处，面积并非原报所述之巨。此项计划图拟俟呈奉核定后，按照市容发展情形，逐年分别实施，以便逐一完成。关于广场一节，并未决定短期内开辟，爰将原计划图提交本市参议会第一届第一次大会讨论，业经大会决议通过，嘱由本府公布周知。本府复以案关市政建设，业于本年二月二十三日以市建字第一三零号代电附赍原计划图，呈请核示在案，尚未奉令核定，原报告所述强修广场引起市民不满一节，并非事实。兹奉前因，理合电请鉴核转复为祷。西安市府市长陆翰芹。寅（世——编者）。市建。印。

---

① 即祝绍周。

市政府关于禁止拆毁钟鼓楼及从缓修建钟鼓楼广场
两提案致省主席祝绍周代电

市建字第 333 号

（中华民国三十五年四月十日）

陕西省政府主席祝①钧鉴，案奉钧府三十五年三月十八日及二十八日府秘技字第 2089、2542 两号训令，以准陕西省参议会先后函，以杨参议员北海等七人及罗参议员经云等十人，分别提请禁止拆毁钟鼓楼，以保留古迹及从缓拆毁钟鼓楼附近房屋开辟民众集会场所，附抄发原提案两件，饬查明具报凭转各等因。奉此，自应遵照，查原提案所述各节多与事实不符，本府并无拆毁钟鼓楼之拟议。兹将本案经过陈述为次。（一）查本府前奉钧府三十四年七月三十日府建二字第二三七四号训令，以准内政部渝营字第零一七六号公函，以"我国过去都市发展一任自然，漫无准则，殊不足以发扬文化，整肃观瞻。值兹胜利复员，各大都会之复兴，及公共房舍之重建，亟应通盘规划，缜密设计，俾能适合现代之需要，树立百年之宏观。对于市区之改良及建筑基地之划定等初步工作，应事先详加筹划。"等因。当即遵照，通盘筹划，就本市现有道路状况略加修正，绘制本市城区道路计划图一份，原图内钟楼与鼓楼间绘有广场一处，拟俟呈奉核定后，按照市容发展情形逐年分别实施，以便逐一完成。关于广场一节，并未决定短期内开辟，爰将原计划图提交本市参议会第一届第一次会议讨论，业经大会决议通过，嘱由本府公布周知。本府复以案关市政建设，业于本年二月二十三日，以市建字第一三零号代电，附赍原计划图呈请核示在案，尚未奉令核定。原提案所述，本府请外来建筑师设计拆毁此种古迹一节，未悉何为依据。（二）查本府前奉钧府三十四年十一月九日第八十八次委员会临时动议决议记录，饬由本府会同陕西省建设厅设计将钟楼周围开辟广场，以备举行各种集会；将钟楼名称改为"凯旋楼"，鼓楼周围亦可放宽，楼上可作民教馆、书报阅览场所。等因。奉此，当查钟楼周围马路及人行道均过窄小，诚恐发生汽车肇祸

---

① 即祝绍周。

情事，鼓楼周围亦无马路，即遵照钧府委员会旨意，顾及全市市民安全起见，曾召请钧府技术室主任张嘉瑞、建设厅科长姜景曾在本府会商讨论，决定加宽钟楼及鼓楼周围马路计划，并由本府拟具预算及绘制图样提交本市参议会第一届第一次大会讨论，业经大会决议原则通过缓办，复经本府呈奉钧府三十五年三月八日府秘技字第一七五七号指令，饬仍将钟楼及鼓楼四周扩展工程施工计划暨民房拆迁办法赍府凭夺等因，现正由本府遵照赶办中。兹奉前因，理合将本案前后办理经过情形，请鉴核转复为祷。西安市政府市长陆翰芹。卯（灰——编者）。市建印。

市政府建设科张连步关于调查钟鼓楼四周马路扩展事项给市长张丹柏的签呈

（中华民国三十五年六月八日）

奉谕调查钟楼四周暂缓辟宽道路，鼓楼四周开辟道路应于本年双十节前完成一案。本科未曾收到是项指令，特派本科王技佐需于本月五日前往省政府技术室与建设厅查询，据云亦无是项正式命令，并谓据闻主席曾于城郊及各县公路整修会议席上口头谕令办理。究应如何办理之处乞示。谨呈。

市长　张①

张连步（章）　谨签

1945 年（民国三十四年），陕西省政府会议提议在钟楼周围开辟广场，将钟楼更名为"凯旋楼"以纪念抗战胜利，并对市民开放鼓楼。1946 年初，陕西省政府和西安市政府开始着手计划实施在钟楼、鼓楼之间开辟广场，拆迁周围居民，拓宽钟楼、鼓楼四周马路的计划。但此项计划因为拆迁居民店面较多，给市民会造成经济损失，引起了市民的强烈不满，有参议员提议暂缓执行，在西安市参议会上，加宽钟鼓楼周围马路的计划决定缓办。

---

① 即张丹柏。

结　语

　　我国有两类特殊的文物建筑，一是易损的保护材料，如木制、土坯；一是古城老建筑的保护值得关注。中国特有的木构建筑是榫卯结构，在保护时要关注建筑本体、建造工艺、手段以及周期性的维护方法等，对于已经十分危险的建筑，按原工艺原做法重新组装，不仅不会影响其文物价值，相反会大大延长文物的寿命；对于影响整体的局部问题要从全局和长远出发，具体问题具体分析，根据损坏状况采取不同方法，以延续现状。同时要尊重传统木建筑的维护方法，关注传统技艺的保护与传承。

　　在搜集、整理并研究这些钟鼓楼维修保护资料的过程中，我们深深地感受着祖先对于这些建筑精品的尊重和景仰，六百年来先民对于钟鼓楼保护维修，一直都在官方的监督、指导和支持下持续开展，从未间断，且具有一定的规律性。像屋面瓦件这些容易受到自然风化损坏的部件，3－5年就要进行保养与维护，柱子、门窗的油漆3－5年也需要保养与维护。根据不同材料的自然寿命按期进行维修。从以上归纳的时间点可以看出，所有的维修保护工程都存在质量期限，我们总结出期限规律后，就要根据这个提前制定维修保养计划，定期实施不同程度与规模的维修工程，常养常新；在历次维修工程中，能保留的原件一定要保留，部分残损的部分只更换残存部分，完全不能使用的部件尽可能使用原材料、原工艺进行更换，但必须具备明确的标识。600年来，钟鼓楼就是在这样精心的维护中常修常新。

　　我们认为，现代理念概念只能深化古建筑留下的记忆，不断地完善不断地精细化，却不能替代。现代与传统的主次关系一定要分清楚，现代技术手段对于历史文物的保护永远是支持、完善、提高的作用而不可能是替代。

　　同时，传统建筑是物质与非物质文化的综合体，如果我们不注意用传统工艺来传承文化我们就犯极大的错误，再过几十年没有人会修复文物。大家只有一个本事拿着热蒸汽清理建筑灰尘，拿着电子仪器眼睁睁看着古建消毁。因为不会精心复建，不会调和土漆，我们就越来越不懂得古人，越来越不懂得古人如何进行生产、生活和创造，这是不合适的。现在大量的古寺院被称为活的文化遗产，因为它的功能还在所以更是物质和非物质文化的综合体，对于这样的古迹我们既要保护固态化的物质文化遗产，更要保护非物质文化遗产的建造记忆包括维修记忆也要的保存。

　　这是我们在研究过程中的一些粗浅的认识。我们的资料搜集、整理工作还在进行，我们的研究工作才刚刚起步，我们衷心希望有更多的有识之士能够加入到我们的行列中来，与我们一道，共同保护和利用好祖先留个我们这些珍贵的传统建筑文化遗产。